5

リスク工学シリーズ

あいまいさの数理

博士(工学) 遠藤 靖典 著

コロナ社

「リスク工学シリーズ」編集委員会

編集委員長　岡本　栄司（筑波大学）
委　　員　内山　洋司（筑波大学）
（五十音順）
　　　　　　　遠藤　靖典（筑波大学）
　　　　　　　鈴木　　勉（筑波大学）
　　　　　　　古川　　宏（筑波大学）
　　　　　　　村尾　　修（筑波大学）

（所属は 2008 年 2 月現在）

刊行のことば

　世界人口は現在65億人を超え，わずか100年で4倍にまで増加し，今も増え続けています．この間の経済成長は，日本を例にとると44倍にまで達しています．現代社会は約80万年の人類史上から見ると凄(すさ)まじい成長を遂げており，その成長はグローバル化の進展と技術革新によって加速されています．

　膨張し続ける社会の人間活動によって世界の持続可能な発展が懸念されています．地球規模ではエネルギーの大量消費による地球環境問題や資源ナショナリズムが台頭し始めています．一方，国レベルでは都市化の進展によって交通渋滞，地震や洪水被害の拡大，水・環境汚染といった問題が発生しています．また，変化の速さがあまりにも速いために経済や技術の格差が社会にもたらされています．そういったひずみは世界各国にさまざまなリスクを生み出しています．グローバル経済による金融リスク，グローバル化した人や物の移動によるBSEや鳥インフルエンザなどの感染症リスク，情報化によるサイバーリスクなど人為的なリスクも広がっています．リスクの不確実性と影響の大きさは増大する傾向にあり，それぞれが複雑に絡み合っています．

　世界が持続可能な発展を遂げていくためには，地球規模かつ地域で直面しているさまざまなリスクを解決していくための処方箋を何枚も何枚もつくり，解決に向けて行動していかなければなりません．また，多様なリスクを科学的・工学的な方法により解明できる能力をもった研究者や技術者の養成も求められています．

　そういった社会のニーズに応えるために，筑波大学では2002年に全国の大学で初めてリスク工学専攻を設置しました．専攻の教育目標として，①リスク工学の解析と評価のための基礎理論と情報処理技術の習得，②現実のリスク問題

についての豊富な知識の習得，③リスク問題に対して広い視野と強いリーダーシップをもって問題設定から解決までの一連のプロセスを理解し，具体的な解決手段を考案・開発する能力育成，を掲げています．設立から6年が経ちカリキュラムも次第に充実してきており，これを機会に，本専攻で実施されている教育内容を本学以外の多くの学生や研究者にも役立たせたいと考えました．

本シリーズ発行の目的は，社会のリスク問題を工学の立場から解決していくことに関心のある人々に役立つテキストを世に出すことです．本シリーズは全10巻から構成されています．1巻から4巻まではリスク問題を総論的に捉えており，リスク工学の勉強を登山に例えれば，1巻は「登山の楽しさ」，2巻は「どんな山があるのか」，3巻は「山に登るための道具」，そして4巻は「実際に登るときの道具の使い方」に対応しています．5巻から10巻までは各論として，「トータルリスクマネジメント」，「環境・エネルギーリスク」，「サイバーリスク」，「都市リスク」の四つの専門分野からリスク工学の基礎と応用を幅広く紹介しています．

本シリーズは，大学生や大学院修士課程の学生はもとより，リスクに関心のある研究者や技術者，あるいは一般の人々にも興味をもっていただけるよう工夫した画期的なものです．このシリーズを通じて，読者がリスクに関する知識を深め，安全で安心した社会をどのように築いていけばよいかを考えていただければ幸いです．

2008年2月

リスク工学専攻長　内山　洋司

まえがき

　本書の目的は，人間の持つ「あいまいさ」を扱うための数学的・理論的なツールについて説明することである。と簡単に述べたが，執筆する際に一番悩んだのが「人間の持つあいまいさとは何か」という，最も根源的な問題だった。

　コロナ社と本書の執筆を打ち合わせたのはじつはかなり前である。そもそも筆者は学生の頃から，ファジィ理論をはじめとするソフトコンピューティングの基礎理論の研究に携わっており，その経緯から，本書の当初のタイトルは「ファジィ理論の数理」であった。しかし，ファジィ理論がもてはやされ流行になったのは1990年代で，その後一過性のブームも過ぎ去り，数学理論としての地位を確保したいまとなっては，ファジィ理論に関する書籍は選ぶのに困るくらい出版されている。

　折しも筆者が所属している筑波大学大学院システム情報工学研究科リスク工学専攻で「リスク工学シリーズ」を刊行することとなり，それだったらファジィ理論も人間の持つあいまいさをターゲットにしているのだから，「ファジィ理論の数理」を改め，「あいまいさの数理」として，リスク認知に関係する人間のあいまいさを数学的に扱うツールについて概説すればどうか，ということで，そのようなタイトルとして構成を考えることになった。

　しかし，確かにファジィ理論があいまいさを扱う数学理論の一つであるとはいえ，ファジィ理論について書くのであれば，それが「あいまいさ」のどの部分と関連するのかを示さなければ，単なる理論の羅列となり，本としてのまとまりがなくなる。少なくとも「あいまいさ」の骨子だけでも示さなければならない。

　一方，「人間の持つあいまいさ」はさまざまな様相を持ち，「あいまいさ」を表す言葉は日本語で150前後，英語に至っては440近くもある。「あいまいさ」

の正体もわからないのに，それを扱う数学理論について述べられるわけがない。

「あいまいさ」の持つ意味のあまりの広さに呆然（ほうぜん）とし，ほとほと悩んでいたところ，菅野道夫 東京工業大学名誉教授 が 2012 年に国際会議で発表した，とある論文の抄録が目に付いた。この論文は，「あいまいさ」を表す日本語・英語・ドイツ語の言葉を調査し，それを 3 種類に分類することにより，「あいまいさ」の特徴を明らかにした，というものであった。この論文を目にしたことは幸運であった。そうでなければ，いまでも執筆の指針が定まらず，悩んでいたであろう。

執筆しながら，「あいまいさ」の持つ奥深さ，アリストテレスから続く「あいまいさ」の歴史の重さ，論理学と確率論のつながりを改めて認識することができた。その意味で，この本は読者諸兄のためだけでなく，筆者自身のためにも在る。そうはいっても，筆者は学半ばの未熟者である。誤記もあろう。その点は平にお許しの上，ぜひご指摘いただきたい。

最後になったが，本書を執筆するにあたり，適切なご助言を賜った筑波大学の宮本定明教授，芝浦工業大学の神澤雄智准教授，近畿大学の濱砂幸裕講師に深く感謝する。また，執筆の遅れに対して絶えず忍耐強く接して下さったコロナ社に心から感謝する。コロナ社の叱咤（しった）激励とご助言がなければ本書は完成しなかった。

2015 年 2 月

遠藤　靖典

目　　　次

1.　あいまいさを扱うための序章

1.1　歴史的経緯から見た「あいまいさ」 …………………………………… 1
   1.1.1　形而上の概念の数学的表象による記述 …………………… 1
   1.1.2　アリストテレスによる偶性の否定 ………………………… 2
   1.1.3　歴史的経緯から見た「あいまいさ」の科学理論 ………… 3
1.2　言語的側面から見た「あいまいさ」 ……………………………………… 4
   1.2.1　英　語　の　場　合 ………………………………………… 4
   1.2.2　日本語の場合 ………………………………………………… 5
   1.2.3　言語的側面から見た「あいまいさ」の科学理論 ………… 6
1.3　本書で扱う「あいまいさ」の科学理論 ………………………………… 7

──第Ⅰ部【導入】──

2.　古典論理の基礎

2.1　命題と古典論理 …………………………………………………………… 9
2.2　命　題　論　理 ………………………………………………………… 11
   2.2.1　論　理　記　号 ……………………………………………… 11
   2.2.2　命題論理の論理式 …………………………………………… 13
   2.2.3　命題論理の基本的性質 ……………………………………… 15

    2.2.4 演繹推論································· 16
    2.2.5 推論規則································· 19
2.3 述語論理····································· 22
    2.3.1 項と述語・関数···························· 24
    2.3.2 量化記号································· 25
    2.3.3 述語論理の論理式·························· 28
    2.3.4 述語論理の基本的性質······················ 28
    2.3.5 推論規則································· 29
章末問題·· 30

3. 集合論の基礎

3.1 集合と空間··································· 31
    3.1.1 素朴な意味での集合························ 31
    3.1.2 ZFC公理系による集合······················ 33
    3.1.3 空間····································· 36
3.2 集合の演算の定義······························ 36
    3.2.1 有限個の演算····························· 37
    3.2.2 無限個の演算····························· 38
3.3 集合の基本的性質······························ 40
    3.3.1 有限個の場合····························· 40
    3.3.2 無限個（集合列）の場合··················· 41
3.4 有限集合と無限集合・可算集合と非可算集合······ 42
章末問題·· 43

── 第II部【表現のあいまいさ】──

4. 非古典論理への序章

4.1 論理学の歴史 …………………………………………………… 44
4.2 確率論との関連 ………………………………………………… 47
4.3 論理の構文論・意味論・語用論 ……………………………… 49

5. 様 相 論 理

5.1 実質含意のパラドックス ……………………………………… 51
5.2 様相論理と厳密含意 …………………………………………… 53
　5.2.1 様相論理の構文論 ………………………………………… 53
　5.2.2 様相論理の意味論 ………………………………………… 55
5.3 クリプキ意味論 ………………………………………………… 59
　5.3.1 クリプキフレームとクリプキモデル …………………… 59
　5.3.2 到達可能関係とクリプキモデルの性質 ………………… 60
　5.3.3 様相論理の体系 …………………………………………… 61
　5.3.4 様相記号の意味付けとさまざまな様相論理 …………… 63
章 末 問 題 …………………………………………………………… 65

6. ファジィ論理

6.1 ファジィ集合 …………………………………………………… 66
　6.1.1 ファジィ集合の定義 ……………………………………… 66
　6.1.2 ファジィ集合の演算と直積 ……………………………… 68

6.1.3　ファジィ集合の基本的性質 ································ 71
　　6.1.4　ファジィ関係 ·· 72
　　6.1.5　拡張原理 ··· 78
6.2　ファジィ論理 ·· 78
　　6.2.1　ファジィ命題 ·· 79
　　6.2.2　ファジィ真理値 ·· 83
　　6.2.3　ファジィ推論 ·· 85
章末問題 ··· 91

── 第III部【生起のあいまいさ】──

7.　確率論への序章

7.1　確率論における二つの側面 ·· 92
7.2　哲学的問いかけ ·· 93
7.3　有限から無限へ ·· 94
7.4　確率論を理解するためのキーワード ································ 94

8.　確率論黎明期

8.1　パスカルとフェルマーの往復書簡まで ······························ 96
　　8.1.1　確率論の発展の阻害要因 ···································· 96
　　8.1.2　パスカルとフェルマーの往復書簡までの歴史 ················ 98
8.2　パスカルとフェルマーによる確率の議論 ··························· 99
　　8.2.1　パチョーリの考え方 ······································· 102
　　8.2.2　タルタリアの考え方 ······································· 102
　　8.2.3　フォレスターニの考え方 ··································· 103

8.2.4 カルダーノとペヴェローネの考え方 ……………………… *103*
8.2.5 パスカルとフェルマーの考え方 ……………………… *104*
8.3 期待値の概念 ………………………………………… *106*
8.4 ベルヌーイによる確率の議論 ………………………… *107*
章 末 問 題 …………………………………………………… *110*

9. 数 学 的 確 率

9.1 標本空間と事象（有限バージョン）………………… *111*
   9.1.1 標本空間・標本点・事象 ………………………… *111*
   9.1.2 事 象 の 演 算 ………………………………………… *113*
9.2 数学的確率の定義 ……………………………………… *114*
9.3 理由不十分の原理 ……………………………………… *116*
章 末 問 題 …………………………………………………… *118*

10. 頻度確率と傾向性解釈

10.1 頻 度 確 率 ……………………………………………… *119*
   10.1.1 コレクティブ ……………………………………… *119*
   10.1.2 頻度確率の定義 ……………………………………… *121*
10.2 傾 向 性 解 釈 …………………………………………… *122*
   10.2.1 傾 向 性 ………………………………………… *122*
   10.2.2 傾向性解釈に対する批判 …………………………… *124*
章 末 問 題 …………………………………………………… *124*

11. 公理主義的確率

11.1 公理主義的確率の概要 ……………………………………………… *125*
11.2 有限加法族と有限加法的測度 ………………………………………… *127*
11.3 完全加法族と有限加法的測度 ………………………………………… *129*
11.4 公理主義的確率の定義 ………………………………………………… *131*
11.5 標本空間と事象（一般バージョン）………………………………… *132*
11.6 確率測度の性質 ………………………………………………………… *133*
11.7 公理主義的確率から見た頻度確率の問題点 ………………………… *135*
章 末 問 題 ……………………………………………………………………… *137*

12. 条件付き確率とベイズの定理

12.1 条件付き確率 …………………………………………………………… *138*
12.2 事象の独立性 …………………………………………………………… *140*
12.3 ベイズの定理 …………………………………………………………… *142*
章 末 問 題 ……………………………………………………………………… *146*

13. 確率変数と確率密度・確率分布

13.1 確率変数と確率分布 …………………………………………………… *147*
   13.1.1 確 率 変 数 ………………………………………………… *147*
   13.1.2 確率変数の独立性 ………………………………………… *152*
   13.1.3 確 率 分 布 ………………………………………………… *152*
13.2 離散型と連続型の確率分布 …………………………………………… *153*
   13.2.1 離散確率分布 ……………………………………………… *154*

13.2.2　連続型の確率分布 ………………………………………… *154*
13.3　確率変数の期待値と分散 ……………………………………………… *155*
　　13.3.1　期　待　値 …………………………………………………… *155*
　　13.3.2　分散と標準偏差 ……………………………………………… *157*
　　13.3.3　標　準　化 …………………………………………………… *161*
　　13.3.4　モ ー メ ン ト ………………………………………………… *162*
13.4　離散確率分布の例 ……………………………………………………… *163*
　　13.4.1　離散一様分布 ………………………………………………… *163*
　　13.4.2　二　項　分　布 ……………………………………………… *164*
　　13.4.3　ポアソン分布 ………………………………………………… *165*
　　13.4.4　超幾何分布 …………………………………………………… *166*
13.5　連続確率分布の例 ……………………………………………………… *167*
　　13.5.1　連続一様分布 ………………………………………………… *167*
　　13.5.2　指　数　分　布 ……………………………………………… *168*
　　13.5.3　ガ ン マ 分 布 ………………………………………………… *169*
　　13.5.4　正　規　分　布 ……………………………………………… *171*
　　13.5.5　コ ー シ ー 分 布 ……………………………………………… *172*
章 末 問 題 ……………………………………………………………………… *172*

14. 大数の法則と中心極限定理

14.1　確率変数列の収束 ……………………………………………………… *173*
14.2　大　数　の　法　則 ……………………………………………………… *175*
　　14.2.1　大数の弱法則 ………………………………………………… *176*
　　14.2.2　大数の強法則 ………………………………………………… *177*
14.3　中 心 極 限 定 理 ………………………………………………………… *180*
章 末 問 題 ……………………………………………………………………… *182*

15. 主観確率

15.1 ベイズ確率 ……………………………………………… *184*
 15.1.1 ベイズ推定の原理 ………………………………… *184*
 15.1.2 ベイズ推定の長所 ………………………………… *186*
15.2 その他の主観確率 ……………………………………… *187*
 15.2.1 個人的主観主義 …………………………………… *187*
 15.2.2 ハイゼンベルクによる主観確率 ………………… *187*
 15.2.3 確率の論理的解釈 ………………………………… *188*
15.3 信念に基づく確信 ……………………………………… *189*
15.4 非加法性について ……………………………………… *190*
 15.4.1 ベルヌーイによる非加法性 ……………………… *190*
 15.4.2 エルスバーグのパラドックス …………………… *192*
 15.4.3 マルチプルプレーヤ ……………………………… *194*
 15.4.4 リスクと不確実性回避 …………………………… *195*
章末問題 ………………………………………………………… *196*

付 録 …………………………………………………………… *197*

A.1 論理・集合論に関わる人々の年表 …………………… *197*
A.2 確率論に関わる人々の年表 I ………………………… *198*
A.3 確率論に関わる人々の年表 II ………………………… *199*

引用・参考文献 ……………………………………………… *200*

索 引 …………………………………………………………… *203*

1 あいまいさを扱うための序章

本書では,「あいまいさ」を扱うための数学的な理論について述べる。そのため,ここではまず,本書で扱う「あいまいさ」とは何かについて簡単に説明しよう。とはいえ,あいまいさを含む形而上の概念は,古代ギリシャの時代より人類が考え続けてきた大問題であり,「あいまいさ」だけで何冊もの本になる内容を含むので,ここで簡単に「あいまいさとは○○である」と言い切ることはできない。もし読者が哲学に精通していれば,ここでの記述に物足りなさを覚えるだろうが,その点はご寛恕を請う。

1.1 歴史的経緯から見た「あいまいさ」

1.1.1 形而上の概念の数学的表象による記述

形而上の概念は,人や時間,文化によってさまざまに異なる。本書の対象とする「あいまいさ」の場合も同様で,世界共通の「あいまいさ」を定義しようとする場合,人や文化によって違う「あいまいさ」の共通項を抽出することになるが,そのような共通項が存在するかどうかという議論はさておき,その共通項を形而下のものとして具象化しようとしても,もし説明するための言語が違えば,共通項を共通概念として表現したことにはならないであろう。言語は形而上の概念を形而下の文章に変換するほとんど唯一のツールだが,形而上と形而下の対応の困難さ,それぞれの言語による違いにより,世界共通の「あいまいさ」の概念について,日常言語による文章で説明したり定義することは非常に難しい。その問題を少しでも解決する一つとして,数学的表象による記述

がある．特に，近代科学はそのような考えを背景にして発展してきた．

やや話が脇道にそれるが，近代科学について言及することも意味があるだろう．小林は著書「科学哲学」(文献 1)†の中で，近代物理学に代表される近代科学の特徴は以下の 2 点であると記している．

> (1) 自然現象のうちで感覚性質のようなものは捨象し，数量化可能な側面にのみ着目する．
> (2) そのような側面を数学的表象によって記述する．

ここでいう感覚性質とは，「人間やわれわれ個々人の知覚様式と不可分であって，物体の普遍的構造を示すものではない」ので，客観性を担保するためには捨象しなければならない．また，『日常言語はわれわれがそこで生きる「いま」，「ここ」の文脈や「環境世界」に本質的に依存しており，物理的現象の普遍的性質を記述するものとしては不適切である』ために，数学的表象による記述が必要となる．ただし，ここでいう「数量化」とは，客観性の担保には必要だが，あくまでも測定器具を介した計量となるので，『厳密にいえば，物理量の数量化は測定装置の「精度」や「誤差」に依存しており，無条件で絶対的なものではない』ことに留意しなければならない．この小林による近代科学の特徴は，一般通念として認めてもよいであろう．

1.1.2 アリストテレスによる偶性の否定

さて，「あいまいさ」について深い洞察を行ったのはギリシャの哲学者だったアリストテレスである．アリストテレスは著書「形而上学」VI 巻で，「本質的なものが存在することと同種の原因と原理は，偶的には存在しない」とし，「正真正銘の偶性と可能性は，事象の範囲から完全に除外すべき」と考えた．そして，「偶性の科学など存在しないことは明らかで」「われわれは偶的なものは科学的に取り扱えないとみなさなければならない」と記しており，完全に偶性

---

† 巻末の引用・参考文献番号を表す．

の科学を否定している。この「偶性」「偶的」が確率と同種の概念を含んでいることは間違いないであろう。ただしここでいう確率とは，読者諸兄が最初にイメージする「サイコロを振って出る目の数が1である頻度」だけではなく，信念の度合いも含むより広範な概念であることに注意してほしい。確率論の章で後述するが，そもそも確率とは，頻度と信念の両方の「あいまいさ」を含む概念である。

また，アリストテレスは論理学の祖でもあるが，様相論理について最初に言及したのも彼であった。様相論理は，論理の枠組みで信念の「あいまいさ」を扱う理論体系として，近年盛んに研究が行われている。

しばしば西洋最大の哲学者の1人に数えられ，「万学の祖」とも呼ばれるアリストテレスの思想的影響は現在の科学にも透徹しており，「あいまいさ」に対する考え方も含めて，科学に対する基本的姿勢は変わっていないといっていい。「あいまいさ」とは何かという問いかけは，「あいまいさ」でないものは何かをも併せ考えることによって見えてくる。

「あいまいさ」でないものに関する科学理論は，アリストテレスの思想的庇護の下，紀元前から着実に発展してきた。一方，「あいまいさ」に関する科学理論はその間発展せず，ギリシャ，ローマの古典古代文化を復興しようとする文化運動であるルネサンスを契機にして，ルネサンスが西洋世界全体に伝搬した15世紀末を過ぎて世に出たはずである。そう考えると，15世紀末までは顕在化せず，その後に開花した科学理論のうち，信念や頻度に関するものを，「あいまいさ」を扱う科学理論と考えてよい。その代表的理論ははっきりしている。

1.1.3 歴史的経緯から見た「あいまいさ」の科学理論

一つはライプニッツを祖とする数理論理学，その中でも非古典論理である。アリストテレスは「偶性の否定」の観点から，「曖昧性」を極力排除して古典論理を構築したが，非古典論理は古典論理に対するアンチテーゼとして，人間の信念を扱うために発展してきた。現在では，ルイスによって定式化された様相論理や，ウカシェヴィッツによって提案された多値論理，ザデーによって提唱

されたファジィ集合に基づくファジィ論理など，多様な理論展開がなされている。特に言語表現においては，ファジィ論理は非常に強力な体系を持っている。

もう一つはカルダーノやパスカル，フェルマーによって端緒が開かれ，ラプラス，ミーゼスらによって発展し，測度論を背景とする理論体系を構築したコルモゴロフによって一つの頂点を極めた確率論である。確率論で扱う「あいまいさ」は古来より哲学の対象ともなり，やはりアリストテレスによって，人間の認知と深く結び付いていることが指摘されてきた。その流れから，ベイズやラプラスによって示されたベイズの定理を始点とした主観確率がラムゼイやデ・フィネッティらによって1930年代に広く提唱されるようになり，コルモゴロフを頂点とする測度論を背景とした確率論とは一線を画している。

「あいまいさ」の正体をはっきり見ないまま，歴史的経緯に着目して「あいまいさ」を扱う科学理論を挙げたが，それでは落ち着きが悪いので，わずかではあるが，言語的側面から見た「あいまいさ」について見ていこう。

1.2 言語的側面から見た「あいまいさ」

言語の面から「あいまいさ」について見ていくとはいえ，いつも用いている数理・数学体系はインド・ヨーロッパを中心に展開されてきたものである。また一方で，多くの読者にとっての常用言語は日本語であろう。そのため，「あいまい」という言葉の解釈に関しても，英語と日本語を基本にして考えざるを得ない。そこで，英語と日本語における「あいまいさ」の意味について概観しよう。

1.2.1 英語の場合

「あいまい」に相当する英単語は440近くあるといわれており，代表的なものの一部として以下が挙げられる[†]。

[†] この中には，日本語の「あいまい」よりはむしろ「疑わしい」「不正確」の意味での単語も入っているが，異なる言語における単語が1対1に対応しないことを考えれば当然であろう。

1.2 言語的側面から見た「あいまいさ」

> ambivalet, <u>ambiguous</u>, dubious, <u>equivocal</u>, <u>fuzzy</u>, hazy, indefinite, indistinct, inexact, murky, noncommittal, <u>obscure</u>, questionable, suspicious, uncertain, <u>vague</u>

この中でも，特にアンダーラインを引いた五つの単語が重要である。

(1) **Obscure, Vague:** 境界がはっきりしないという「漠然性」のあいまいさ。obscure の方が先に現れたが，現在は vague の方が使われる。

(2) **Equivocal, Ambiguous:** 二つ以上の意味を持つという「多義性」のあいまいさ。equivocal の方が先に現れたが，現在は「多義性」の意味では ambiguity の方が使われる。

(3) **Fuzzy:** 現在は，equivocal, ambiguous, obscure, vague の差はほとんどなくなり，現在の欧米哲学界においては vague が「あいまい」を示す言葉として使われている。fuzzy は上述の二つの意味を包含する高次の概念として位置付けられ始めている。

すなわち，英語で「あいまい」という場合は vague，もしくは fuzzy を用いるが，その場合，「漠然性」と「多義性」の二つの意味を持つことが共通認識として存在し，必要であればそのつど区別して用いていることになる。

1.2.2 日本語の場合

一方，「あいまい」に相当する日本語は 150 前後あるといわれている。代表的な語彙の一部として以下を挙げよう。

> あいまい，あやふや，うやむや，おぼろ，多義的，漠然，不確実，不確定，不明瞭，茫漠(ぼうばく)，ぼんやり，紛らわしい

これらを意味によって分類すると，**表 1.1** のようになる。

英語の場合，「あいまいさ」は上述のように漠然性と多義性の二つの意味を区別して使われるのに対して，表 1.1 からもわかるように，日本語では「あいまい」

表 1.1 「あいまい」の類語の分類

意味	語句
二つまたはそれ以上の解釈の余地がある	あいまい, 多義的, 紛らわしい
明確に理解・表現されない	あいまい, あやふや, うやむや, 漠然, 不明瞭
固有・客観的な意味を持たない	あいまい, あやふや, 漠然, 不明瞭, 茫漠, 紛らわしい
明快さ・特異性の不足	あいまい, あやふや, おぼろ, 不確実, 茫漠
正確な制限・決定・区別がない	あいまい, あやふや, 不確定, 不明瞭

(参考：独立行政法人情報通信研究機構)

という言葉はそれらの区別なく，すべてに共通して使われる言葉である．つまり，vague と ambiguous のどちらに対しても「あいまい」とされる．ただし，日本哲学界で「あいまいさ」という場合は陰に「多義性」のことを指し，「あいまい」に対応する英語として ambiguous が用いられており，vague が用いられることはあまりない．

個数の比較においても，英語は日本語の3倍前後あることを考えると，日本語ではさまざまな「あいまいさ」を1単語で表している一方で，英語ではさまざまな「あいまいさ」のそれぞれに単語を付けている，ということだろう．

1.2.3 言語的側面から見た「あいまいさ」の科学理論

ここまで，「あいまい」という言葉における英語と日本語の違いについて概観した．ではつぎに，言語的側面から，あいまいさを扱うための数理・数学理論にはどのようなものがあるかについて考えたい．

菅野は，国際会議での講演 "On Structure of Uncertainty"（文献 2））および関連著物の中で，不確かさを意味する日本語の形容詞・形容動詞（152 語），英語（436 語），ドイツ語（150 語）などを収集し，KJ 法によって分類することにより，不確かさのカテゴリーおよびその構造を同定している．その結果，不確かさは七つのカテゴリーに分類され，そこに人が認識している本質的不確かさとして次ページの (1)〜(3) が存在することを見いだした．

> (1) 言葉の表現における曖昧性（fuzziness of wording）
> (2) 現象の生起における蓋然性（probability of phenomenon）
> (3) 人間の意識における漠然性（vagueness of consciousness）

　前2者について，「言葉の表現における曖昧性」を扱う科学理論は非古典論理であり，「現象の生起における蓋然性」を扱う科学理論は確率論である．これは1.1節で示した結論と一致する．

　最後の「人間の意識における漠然性」だが，これこそが最も重要な問題として，ソクラテス以来数多の哲学者たちによって思惟の対象となってきたことであり，現在の科学において最も解き明かしたいことの一つである．しかし残念ながら，この漠然性を扱うことのできる数学理論に関してはいまだ存在していないし，これからも難しいだろう．

1.3　本書で扱う「あいまいさ」の科学理論

　ここまで「あいまいさ」について早足で眺めてきて，「あいまいさ」を扱う科学理論は非古典論理と確率論であることがわかった．そこで，本書ではこの二つの理論に主軸を置き，それぞれの理論とそれらから派生したあいまいさを扱う理論について述べていくことにしよう．

　ただし，どちらの理論についても，古典論理と集合論についての予備知識がないと理解が難しい．これらの理論のみならず，数学は古典論理と集合論をその礎としている．そもそも数学の表現はほとんどすべて古典論理の記法に基づいているし，本書の記述も，基本的に記号論理の書き方を踏襲している．また，非古典論理は古典論理で扱えないあいまいさを扱うために発展してきたものであり，確率論は集合論を基礎として作られた厳密な数学体系の中であいまいさを表現する理論である．

　そこで，非古典論理と確率論について述べる前に，本書で必要な記号論理と

集合論の基礎について述べておく．もし，読者にそれらの理論に関する基礎知識があれば，読み飛ばしていただきたい．

「あいまいさ」についてより深い議論に興味のある読者は，哲学の分野に数多くの文献を見つけることができるが，ここでは文献 3) を挙げておく．

第I部【導入】

2 古典論理の基礎

数学のありとあらゆる表現や定理・証明などが論理に基づいていることからもわかるように，論理は集合論と並ぶ数学の基本といえる．実際，あとで説明する述語論理を用いれば，どのような数学的内容も記述することができる．また，本書で説明する非古典論理を理解するためには，まず古典論理について知る必要があるので，ここでは古典論理の基礎，特に記号論理と述語論理について述べよう．

2.1 命題と古典論理

人間の思考は言語を通じて行われるが，最も基本的な思考は「a は b である」であろう．躊躇なく数式として $a = b$ と記述することができそうだが，例えば，a に人間，b に哺乳類を入れた場合は真であっても，その逆を入れた場合，この思考は偽になる．この最も簡単な思考でさえ，実はかなりなあいまいさを伴う．このようなあいまいさは，例えば「a は b に含まれる」とすれば避けることができるが，これらは使う言語に依存する．論理はこのような言語に対する依存性を避けるため，言語ではなく記号を用いて真か偽かをはっきり区別できるような体系を構築してきた．記号を用いて論理を記述する体系を**記号論理**（symbolic logic）という．

しかし，「a は b であろう」「a はほぼ b である」という思考に対しては，たとえどのように修正しても，「あろう」「ほぼ」という言語修飾語が入ってくる以上，この思考に対して明確に真偽を付けることはできないだろう．なぜなら，

このあいまいさは人間の思考に本質的に内在するものだからである。これらが，先に述べた「言葉の表現による曖昧性」の一つであり，従来の論理はこれらのあいまいさを避けて構成されている。

論理で対象とする，真か偽かをはっきりできるような思考・表現を**命題**（proposition）という。最小単位の命題を**要素命題**（elementary proposition）といい，複数の要素命題の結合を**複合命題**（compound proposition）という。

命題はあいまいさを避けるため，記号を用いた一定の書式により生成される文字列となる。このような文字列を一般に**論理式**（well-formed formula, wff）という。自然言語の文章に相当すると考えればよい。

その部分に論理式を持たない最小単位の論理式を**原子論理式**（atomic formula），または単に**原子式**という。自然言語の単文に相当する。

原子論理式とその否定を**リテラル**（literal）ということも覚えておこう。すなわち，要素命題に対応する論理式が原子論理式となる。記号論理においては原子論理式を**命題変数**（propositional variable）ともいい，一般には大文字のアルファベットで表す[†]。

例えば

$P = $「有理数は可算である。」

$Q = $「人間は空を飛べる。」

は，真偽はともかくとして命題である。命題変数が真であるとき1が，偽であるとき0が与えられる。このような記号論理を**古典論理**（classical logic）という。古典論理はブールによって構成されたブール代数と呼ばれる代数系で定式化される。ブール代数は，特別な場合として0と1の2値の要素のみから成る系を含んでおり，古典論理との親和性が非常に高い。

一方，命題の確実性の度合いを取り入れた様相論理や，真と偽の中間に多くの状態を想定するファジィ論理に代表される，あいまいさを対象とした論理を，

[†] なぜ小文字でないかというと，後述するように項（term）という概念を小文字で表すからである。簡単にいえば，自然言語の単語が項，すなわち小文字のアルファベットに相当する。

古典論理に対して**非古典論理**（non-classical logic）という。

古典論理は，形式的には**量化記号**（quantifier）と呼ばれる記号の有無によって，命題論理と述語論理に分けられる．ここでは，非古典論理の準備として，命題論理と述語論理について説明しよう．

2.2 命 題 論 理

命題論理では，命題相互の関係を扱う．もう少し詳しくいうと，命題自体がどういう意味を持っているかは考えず，命題どうしを「かつ」「ならば」などの演算子で関連付けたとき，どういう推論ができるかを扱う．後述する述語論理では，量化記号を導入することにより命題の意味自体を扱うが，この点が命題論理との違いになる．

2.2.1 論 理 記 号

命題は，さまざまな演算子（記号論理では論理記号，論理結合子と呼ぶ）で修飾したり，複数の命題を結合することで，より複雑な命題とすることができる．では，基本的な論理記号について説明しよう．

（1）否　　定　　まず，命題変数を P としたとき，P の**否定**（negation）は $\neg P$ に対応する．$\neg$ はすぐ右にしか掛からないことに注意しよう．P の取る状態は真偽，すなわち 1 と 0 なので，P と $\neg P$ の対応表を書くと，**表 2.1** となる．このような表を**真理値表**（truth table）という．ここで注意してほしいのだが，わかりやすく「P の否定は $\neg P$」と書いてはいるが，これはあくまで読者の理解のためであり，正確には，「$\neg$ という論理記号が最初にあり，これにあえて意味を付けると否定になる」ということで，「最初に否定があり，それを $\neg$ で表す」のではない．この後に出てくる論理記号に関しても同じである．

（2）連　　言　　二つの命題変数 P と Q に関して，$P \wedge Q$ は**表 2.2** となる．これは**連言**（conjunction）といわれ，「P かつ Q」に意味付けされる．連言の意味で命題をカンマ「，」で列挙する場合があるので，注意してほしい．

2. 古典論理の基礎

表 2.1 P の否定

P	$\neg P$
0	1
1	0

表 2.2 P かつ Q

P	Q	$P \wedge Q$
0	0	0
0	1	0
1	0	0
1	1	1

表 2.3 P または Q

P	Q	$P \vee Q$
0	0	0
0	1	1
1	0	1
1	1	1

（3）選言　同様に，二つの命題変数 P と Q に関して，「P または Q」に対応する論理記号 $P \vee Q$ は**選言**（disjunction）といわれ，**表 2.3** となる。

論理学だけでなく，数学全体で「かつ」「または」は，いろいろな意味で使われていることに注意しよう。例えば集合論では「かつ」は共通集合，「または」は和集合となるし，定義の中で「P を A または B と呼ぶ」といった場合，A と B は同じ意味となる。論理の中では，複数の命題を組み合わせて新しい命題を作る場合の論理記号の役割を果たす。

（4）含意　ややわかりにくい論理記号は**含意**（implication）といわれる「$P \to Q$」であろう。古典論理における含意は，非古典論理における含意と対比して**実質含意**（material implication）とも呼ばれる。真理値表は**表 2.4** となるが，これを「P のとき Q となる」と考えると，よくわからないことになるので，言語的な意味と離れて考えないといけない。先にも述べたが，意味が先にあるのではなく，論理記号が先にあるのである。**表 2.5** からわかるが，$P \to Q$ は $\neg P \vee Q$ と同じとなる。もし $P \to Q$ を「P ならば Q」と考えてしまうと，それが「P の否定または Q」と同値になることが理解できなくなる。特に注意しなければならないことは，P が偽であっても $P \to Q$ は真になるということである。例えば，以下の三つの命題

(1)　$1+1=3$ ならば $1+2=4$

表 2.4 P ならば Q

P	Q	$P \to Q$
0	0	1
0	1	1
1	0	0
1	1	1

表 2.5 「P ならば Q」の別表現

P	Q	$\neg P$	$\neg P \vee Q$
0	0	1	1
0	1	1	1
1	0	0	0
1	1	0	1

(2) $1+1=3$ ならば $1+2=3$
(3) $1+1=2$ ならば $1+2=3$

は表2.5 からすべて真であるが，これはわれわれの考える「ならば」とは乖離(かいり)している。これを**実質含意のパラドックス**（implicaitonal paradoxes）といい，このパラドックスを回避するための数多くの試みがなされている。

(**5**) **同　値**　「$P \leftrightarrow Q$」は最も基本的な演算であり，「P と Q は同値（equivalence）」と意味付けされる。真理値表は**表2.6** となる。

表 2.6　P と Q は同値

P	Q	$P \leftrightarrow Q$
0	0	1
0	1	0
1	0	0
1	1	1

表 2.7　論理記号の優先順位

優先順位	1	2	3	4	5
論理記号	$\neg$	$\wedge$	$\vee$	$\rightarrow$	$\leftrightarrow$

(**6**) **論理記号の優先順位**　以上の論理記号には，通常の演算と同様に優先順位がある。優先順位は**表2.7** のようになっている。また，同じ記号で結合されている場合，右側にあるものが優先される。例えば，$P \rightarrow Q \rightarrow R$ は $P \rightarrow (Q \rightarrow R)$ となる。明示的に優先順位を示したいときや，順序を変えたいときには () によって表す。

2.2.2　命題論理の論理式

簡単にいえば，これらの論理記号と命題変数の組合せで構成される論理が，命題論理における論理式†である。命題論理における論理式の定義をつぎに示そう。

定義 2.1　（命題論理の論理式）　命題論理において，以下を満たすものおよび以下から生成されるものを**論理式**（well-formed formula, wff）という。

(1) 0, 1, 命題変数はそれ以上分けることのできない原子論理式である。

---

† あくまで命題論理における論理式であり，別の分野では別の定義がある。

(2) P が命題変数であれば，P は論理式である．

(3) P が論理式であれば，$\neg P$ は論理式である．

(4) P と Q が論理式であれば，$P \circ Q$ は論理式である．ここで $\circ$ は，$\vee$, $\wedge$, $\to$, $\leftrightarrow$ のいずれかを表す．

これらの論理式を扱う体系を**命題論理**（propositional logic）という．

いま，論理式 P が $P_1, \ldots, P_n$ の原子論理式から構成されているとしよう．原子論理式のそれぞれに 0 か 1 かを割り当てた場合，2^n 通りの組合せを考えることができる．そのそれぞれを P の**解釈**（interpretation）という．例えば $P = P_1 \wedge P_2$ としたとき，P の解釈は 4 通りあり，$(1, 1)$ のときのみ 1 を返す，つまり真となる．そこで，どんな解釈でも真になる論理式について定義しよう．

定義 2.2（式と恒偽式）　すべての解釈の下で真となる論理式を**恒真式**（tautology），または**トートロジー**といい，$\top$ で表す．また，すべての解釈の下で偽となる論理式を**恒偽式**（non-tautology）といい，$\bot$ で表す．

例えば，$\neg P \to (P \to Q)$ が恒真式であることを調べるためには，表 **2.8** のような真理値表を作ってみればよい．

表 **2.8**　$\neg P \to (P \to Q)$ の真偽

P	Q	$\neg P$	$P \to Q$	$\neg P \to (P \to Q)$
0	0	1	1	1
0	1	1	1	1
1	0	0	0	1
1	1	0	1	1

論理式 P が恒真式であるとき，「すべての解釈において真である」という意味において，P は**妥当**（valid）という．一方，論理式 P が恒偽式であるとき，「P を真にするような解釈は存在しない」という意味において，P は**充足不能**（unsatisfiable）という．また，論理式 P が恒偽式でないとき，「P を真にするような解釈は少なくとも一つ存在する」という意味において，P は**充足可能**

(satisfiable) という。これらは推論のときに必要となるので，覚えておいてほしい。

2.2.3 命題論理の基本的性質

命題論理の基本的な性質について，証明なしで示しておこう。

定理 2.1 (命題論理の基本的性質) P, Q, R を論理式とする。そのとき，以下が成り立つ。

(1) $\begin{cases} P \vee P = P \\ P \wedge P = P \end{cases}$ (べき(冪)等律)

(2) $\begin{cases} P \vee Q = Q \vee P \\ P \wedge Q = Q \wedge P \end{cases}$ (交換律)

(3) $\begin{cases} P \vee (Q \vee R) = (P \vee Q) \vee R \\ P \wedge (Q \wedge R) = (P \wedge Q) \wedge R \end{cases}$ (結合律)

(4) $\begin{cases} P \wedge (Q \vee R) = (P \wedge Q) \vee (P \wedge R) \\ P \vee (Q \wedge R) = (P \vee Q) \wedge (P \vee R) \end{cases}$ (分配律)

(5) $\begin{cases} P \vee \neg P = 1 \quad \text{(排中律)} \\ P \wedge \neg P = 0 \quad \text{(矛盾律)} \end{cases}$ (相補律)

(6) $\neg\neg P = P$ (二重否定)

(7) $\begin{cases} \neg(P \wedge Q) = \neg P \vee \neg Q \\ \neg(P \vee Q) = \neg P \wedge \neg Q \end{cases}$ (ド・モルガンの法則)

(8) $\begin{cases} P \wedge (P \vee Q) = P \\ P \vee (P \wedge Q) = P \end{cases}$ (吸収律)

(9) $\begin{cases} P \vee 0 = P, \quad P \wedge 0 = 0 \\ P \vee 1 = 1, \quad P \wedge 1 = P \end{cases}$

(10) $((P \to Q) \wedge (Q \to R)) \to (P \to R)$ (推移律)

(11) $P \to Q = \neg Q \to \neg P$ (対偶)

2.2.4 演繹推論

ある事柄について，それが正しいということを示す手続きを**証明**（proof）という。証明は複数の命題から成るが，それらの命題間は相互に関連を持って現れる。特に重要な関連はつぎのようなものである。

  $P_1, \ldots, P_n$ より Q が成り立つ。

これは推論と呼ばれるプロセスであり，人間の思考のプロセスを表したものとして，命題論理や述語論理において，特に重要である。

定義 2.3 （推論）　論理において，**演繹推論**（deductive inference），または単に**推論**（inrefence）とは，前提となる複数の命題 $P_1, \ldots, P_n$ から結論となる新たな命題 Q を導くことである。これは，以下のように $\Rightarrow$ を用いて表すこともある。

  $P_1, \ldots, P_n \Rightarrow Q$

結論の命題の真偽は，前提の命題に依存する。例えば

  $P =$「今日は月曜日である。」

  $Q =$「月曜日のつぎは火曜日である。」

  $R =$「今日のつぎは明日である。」

という前提から，$S =$「明日は火曜日である。」という結論を導き出すのが推論である。

2.2 命題論理

前提・結論ともに真であれば，その推論は**健全**（sound）といわれる．また，前提の真偽は不明だが，前提が真であれば結論も真であるような推論は**妥当**（valid）といわれる．

妥当な推論の例を挙げよう．

前提　$P=$「すべての人間は死ぬべき運命にある．」
前提　$Q=$「太郎は人間である．」
結論　$R=$「太郎は死ぬべき運命にある．」

「すべての」という言葉があるので，この推論は命題論理の範疇では扱えないが，前提が真であれば結論も真にならざるを得ないという意味だけでなく，この推論は論理的に他の結論を導くことができないという意味で，妥当な推論である．また

前提　$P=$「すべての人間は死ぬべき運命にある．」
前提　$Q=$「犬は人間である．」
結論　$R=$「犬は死ぬべき運命にある．」

も，前提は偽なので健全ではないが，先と同じく妥当な推論である．
しかしもし，前者において 2 番目の前提と結論を入れ替えた推論

前提　$P=$「すべての人間は死ぬべき運命にある．」
前提　$R=$「太郎は死ぬべき運命にある．」
結論　$Q=$「太郎は人間である．」

はどうかというと，前提の太郎が人間でない場合，この推論は真の前提から偽の結論が導かれることになるので，妥当な推論とはいえない．

このように，その推論が妥当であるかどうかは，前提となる命題を記述した論理式の集合から，結論となる命題を記述する論理式が，任意の解釈の下で真となるかどうかによる．そこで，以下の論理的帰結という概念が論理においては非常に重要となる．

定義 2.4　（論理的帰結）　論理式の集合 $\{P_1,\ldots,P_n\}$ に対して，$P_1\wedge\cdots\wedge P_n$ が任意の解釈において真であるとき Q も真になる，すなわち

$$(P_1 \wedge \cdots \wedge P_n) \to Q$$

が妥当であれば，Q は $\{P_1, \ldots, P_n\}$ の**論理的帰結**（logical consequence）であるといい

$$P_1, \ldots, P_n \models Q$$

と書く．このとき，$\{P_1, \ldots, P_n\}$ を**公理**，**前提**，**事実**といい，Q を**定理**，**結論**という．

これは「$P_1, \ldots, P_n$ という前提が成り立てば，Q という結論も必ず成り立つ」ことを意味する．論理的帰結の例として

$$P \wedge Q,\ P \to Q \models P$$

を考えよう．この真理値表は**表 2.9** となる．$P \wedge Q$ も $P \to Q$ も真，すなわち 1 であるのは一番下の行のみであり，そのとき P は 1，すなわち真になっているので，P は $P \wedge Q$ かつ $P \to Q$ の論理的

表 2.9 $P \wedge Q, P \to Q$ の真理値表

P	Q	$P \wedge Q$	$P \to Q$
0	0	0	1
0	1	0	1
1	0	0	0
1	1	1	1

帰結となっている．論理的帰結 $\models$ の優先順位は含意 $\to$ より低いことに注意しよう．

論理的帰結の定義から，つぎの定理が導かれる．

定理 2.2（演繹推論）　論理式の集合 $\{P_1, \ldots, P_n\}$ と Q が与えられたとき，以下の三つは同値である．

(1) Q が $\{P_1, \ldots, P_n\}$ の論理的帰結である．

(2) 論理式

$$(P_1 \wedge \cdots \wedge P_n) \to Q$$

が恒真になる．

(3) 論理式

$$P_1 \wedge \cdots \wedge P_n \wedge \neg Q$$

が恒偽になる。

2.2.5 推論規則

恒真式はその性質上，つねに推論が成立するが，通常はいくつかの規則の下で推論の計算が行われる。その規則によって，推論の計算にはいくつかの公理系がある。そのうち，**自然演繹**（natural deduction）と呼ばれる体系と，ヒルベルトによる公理系を示そう。

（1）**自然演繹**　自然演繹の体系には公理が存在せず，以下のような九つの規則を持つだけである。

(1) 演算の任意の段階で任意の仮定を設けることを許す。　　**(仮定の規則)**
(2) $\neg\neg P \Rightarrow P$　　　　　　　　　　　　　　　　　　　　**(二重否定の除去)**
(3) $P, Q \Rightarrow (P \wedge Q)$　　　　　　　　　　　　　　　　　　**(連言の導入)**
(4) $(P \wedge Q) \Rightarrow P, Q$　　　　　　　　　　　　　　　　　　**(連言の除去)**
(5) $(P \vee Q) \wedge (P \to R) \wedge (Q \to R) \Rightarrow R$　　　　**(選言の導入)**
(6) 任意の Q について，$P \Rightarrow (P \vee Q)$　　　　　　　　**(選言の除去)**
(7) $(P \wedge (P \to Q)) \Rightarrow Q$　　　**(モーダスポネンス)**(modus ponens)
(8) P を仮定して Q が導かれる $\Rightarrow (P \to Q)$　　　　**(条件付証明)**
(9) P を仮定して $(Q \wedge \neg Q)$ が導かれる $\Rightarrow \neg P$　　　**(背理法)**

これらの規則により，推論仮定において，前提や結論を逐次導入・除去しつつ，最終的な結論を導く。

例えば，$P, (P \to Q), (Q \to R)$ を仮定し，これらの論理的帰結について考えるため，$P \wedge (P \to Q) \wedge (Q \to R)$ を計算しよう。まず，$P \wedge (P \to Q)$ はモーダスポネンス（modus ponens）により，Q となる。つぎに，$Q \wedge (Q \to R)$ もやはりモーダスポネンスにより，R となる。よって，R は $P, (P \to Q), (Q \to R)$

の論理的帰結となる．これを**三段論法**（syllogism）という．

また，$\neg Q, P \to Q$ の二つを仮定し，これらの論理的帰結について考えるため，また，$\neg Q \land (P \to Q)$ を計算しよう．$P \to Q$ より，P から Q が導かれる．一方，仮定により $\neg Q$ であり，$Q \land \neg Q$ となる．よって背理法により，$\neg P$ が $\neg Q, P \to Q$ の論理的帰結となる．これを**対偶**（contraposition）という．

（2） ヒルベルトによる公理系　　ヒルベルトによる推論は，以下を公理として置く．

定義 2.5　（ヒルベルトの公理系）

(1)　$P \Rightarrow (Q \to P)$

(2)　$(P \to (Q \to R)) \Rightarrow ((P \to Q) \to (P \to R))$

(3)　$(\neg P \to \neg Q) \Rightarrow ((\neg P \to Q) \to P)$

また，モーダスポネンス $(P \land (P \to Q)) \Rightarrow Q$ のみを推論規則とする．

（3） 融合原理　　融合原理（resolution principle）は 1965 年にロビンソンによって導入された推論体系である．

定義 2.6　（節）　　0 個以上のリテラル P_i $(i = 1, \ldots, n)$ の集合を**節**（clause）といい，節 $\{P_1, \ldots, P_n\}$ は $P_1 \lor \cdots \lor P_n$ を表す．空の節は**空節**（empty clause）と呼ばれ，$\bot$ で表される．

0 個以上の節 C_j $(j = 1, \ldots, l)$ の集合を**節集合**（set of clauses）といい，節集合 $\{C_1, \ldots, C_l\}$ は $C_1 \land \cdots \land C_l$ を表す．空の節集合は $\top$ で表される．

ある論理式があって，それと同値な節集合を元の論理式の**節形式**（clausal form）という．

この節の概念を用いて，二つの節集合の融合を定義する．

2.2 命題論理

定義 2.7 (融合（導出）) $P_1, \ldots, P_n$ と $Q_1, \ldots, Q_m$ をリテラルとし，$C_1 = \{P_1, \ldots, P_n\}$, $C_2 = \{Q_1, \ldots, Q_m\}$ とする。いま，$Q_1 = \neg P_1$ ならば，C_1 と C_2 から新たな節 $C = \{P_2, \ldots, P_n, Q_2, \ldots, Q_m\}$ を得ることができる。これを C_1 と C_2 の**融合** (resolution) または**導出**といい，C を**融合節** (resolvent) という。

融合を用いることにより
(1) P と $P \to Q = \neg P \lor Q$ から Q が得られる。
 (モーダスポネンス) (modus ponens)
(2) $P \to Q = \neg P \lor Q$ と $Q \to R = \neg Q \lor R$ から $\neg P \lor R = P \to R$ が得られる。 **(三段論法)**
(3) P と $\neg P$ から $\bot$ が得られる。 **(矛盾)**

融合を用いた重要な概念として，**導出可能性**がある。

定義 2.8 (導出可能) 節集合 $\{C_1, \ldots, C_l\}$ につぎつぎと融合を適用し，新たな節 C_{new} が得られたとき，$C_1, \ldots, C_l$ から C_{new} が**導出可能** (deducible) といい

$$C_1, \ldots, C_l \vdash C_{\text{new}}$$

と表す。

融合の重要な理論的性質を以下に述べよう。

定理 2.3 (融合の健全性) 任意の二つの節 C_1, C_2 の融合節は C_1 と C_2 の論理的帰結である。すなわち，$C_1, C_2 \vdash C$ ならば $C_1, C_2 \models C$ である。これを融合の**健全性** (soundness) という。

証明 C は C_1 と C_2 の論理的帰結なので，$C_1 = P \vee C_1'$, $C_2 = \neg P \vee C_2'$ かつ $C = C_1' \wedge C_2'$ となるリテラル P と論理式 C_1', C_2' が存在する．C_1 と C_2 が真となる解釈のみを考えればよく，そのとき，表 2.10 より C は必ず真となる． □

表 2.10　P, C_1', C_2' に関する C_1, C_2, C の真理値表

P	C_1'	C_2'	$C_1 = P \vee C_1'$	$C_2 = \neg P \vee C_2'$	$C = C_1' \wedge C_2'$
0	0	0	0	1	0
0	0	1	0	1	0
0	1	0	1	1	1
0	1	1	1	1	1
1	0	0	1	0	0
1	0	1	1	0	0
1	1	0	1	1	1
1	1	1	1	1	1

定理 2.4（融合の完全性）　節集合 C が充足不能ならば，C から空節が導出可能である．これを融合の**完全性**（completeness）という．

融合の健全性から，節集合 C から空節が導出可能であれば，C が充足不能なことがわかる．この定理はその逆も成り立つことを示している．

2.3　述語論理

命題論理では，命題の内容自体には触れずに議論を行ってきた．もう少し詳しくいうと，命題論理は命題間の論理的関係のみを表現しており，命題自体の論理構造には踏み込んでいない．そのため，三段論法に代表される推論を命題論理で表現することはできない．

例えば

$P = $「すべての人間は死ぬべき運命にある．」

$Q = $「太郎は人間である．」

$R = $「太郎は死ぬべき運命にある。」

において

$P \wedge Q \to R$

という三段論法を考えたとき，この中の「すべての」が命題論理では表現できないために，上式を証明できない．また

$P = $「$x > 5$」

も，x によって P の真偽が変わるため，証明できない．これらは命題自体の論理構造に踏み込まないと議論できない例であるが，前者の例では「すべての」，後者の例では「x」という，個々の命題の主語と述語の関係を用いて推論を行っているので，主語と述語の違いを表現できない命題論理では扱うことができないのである．

そこで，各命題を主語と述語に分けて扱うようにした論理体系が必要となる．このような論理体系を**述語論理**（predicate logic）と呼ぶ．論理式によるより正確な定義は後述するとして，ここではイメージをつかむ程度でよい．

述語論理には，表現できるレベルに対応した論理体系がある．まず，命題論理を**量化**（quantification）に特化して拡張した述語論理が**一階述語論理**（first-order predicate logic）と呼ばれる体系である．量化とは，議論の対象全体（これを**議論領域**（domain of discourse）という）の量を指定する行為のことで，例えば

(1) すべての人間は死ぬべき運命にある．
(2) 白いカラスは少なくとも1羽存在する．
(3) 天気の悪い日が何日かある．

になる．量化がないと，対象が有限個の場合でも命題を簡潔に記述することができないし，対象が無限個になると記述自体が無理になる．

量化を表す記号を量化記号というが，一階述語論理をさらに拡張し，量化記

号を述語や関数にも用いる論理を二階以上の述語論理という。ただし本書では，一階述語論理までしか扱わない。

2.3.1 項と述語・関数

先に述語や関数という言葉を使ったが，それについて説明しよう。議論領域の個々の対象を**項**（term）という。項には定数と変数があり，前者を**定項**（constant），後者を**変項**（variable）という。定数，変数と思えばよい。ある項と項との関係を示したものを**関数記号**（function symbol）という。これも通常の関数と思えばよい。定項を a，変項を x，関数記号を f とすると，$f(a)$ は定項になるし，$f(x)$ は変項になる。また，真偽の判断ができる命題を項と関数記号で記述した論理式を**述語記号**（predicate symbol）という。区別するため，関数記号は小文字のアルファベット，述語記号は大文字のアルファベットで表すことが多い。例えば，以下のような例を考えればわかりやすいかもしれない。

(1) 定項 a =「太郎」，b =「太郎兵衛」
(2) 変項 x, y
(3) 関数記号 mother(x) =「x の母」
    二つの項の関係を示している。
(4) 述語記号 WISE(x) =「x は賢い。」
    項の属性を命題として表している。
(5) 述語記号 FATHER(x, y) =「x の父は y である。」
    複数の項の関係を命題として表している。

述語論理の利点は，上のような例から，新たな命題を導き出せることにある。例えば

$$\text{FATHER}(\text{mother}(a), b)$$

は，「太郎の母の父は太郎兵衛である」ことを表す命題であり，太郎の母の名前を必要とすることなく，太郎と太郎兵衛との関係を表している。

項や関数記号，述語記号に限らず，記号論理においては，大文字のアルファ

ベットは自然言語における文に，小文字のアルファベットは自然言語における単語に相当する。実際，mother$(x)=$「x の母」は単語であり，FATHER$(x,y)=$「x の父は y である。」は文である。そう考えると，論理式が大文字のアルファベットで表される理由もわかる。

2.3.2 量化記号

述語論理を特徴付ける**量化記号**（quantifier）について述べよう。

量化記号には，**全称記号**（universal quantifier）と**存在記号**（existential quantifier）の二つがある。全称記号は $\forall$ で表し，$\forall x$ は「すべての x について」を意味する。存在記号は $\exists$ で表し，$\exists x$ は「ある x が存在して」を意味する。

全称記号による命題

$$\forall x\ P(x)$$

は**全称命題**（universal proposition）といわれ，「すべての x について $P(x)$ を満たす」と解釈される。

存在記号による命題

$$\exists x\ P(x)$$

は**存在命題**（existencial proposition）といわれ，「ある x が存在して $P(x)$ を満たす」，または「$P(x)$ を満たす x が存在する」と解釈される。

簡単な例を示そう。

$$P(x) = x\ は整数である。$$
$$Q(x) = x\ は有理数である。$$
$$R(x) = x\ は実数である。$$
$$\mathrm{MORE}(x,y) = x\ より\ y\ が大きい$$

としたとき

(1) 「すべての整数は有理数である。」

$$\forall x \, (P(x) \to Q(x))$$

「有理数でない実数が存在する。」

$$\exists x \, (\neg Q(x) \land R(x))$$

(2) 「どんな数も，それより大きい数が存在する。」

$$\forall x \, \exists y \, \text{MORE}(x, y)$$

ここで何点か注意点を述べておこう。まず，$\forall x$ も $\exists x$ も，$\neg$ と同じく，そのすぐ右にしか掛からない。例えば

$$\forall x \, P(x) \to Q(x)$$

とすると，「すべての x について $P(x)$ を満たすならば，$Q(x)$ である」という意味になる。もし，「すべての x について，"$P(x)$ ならば $Q(x)$" を満たす」としたいなら，括弧を使って明示的に

$$\forall x \, (P(x) \to Q(x))$$

としなければならない。

つぎに，全称記号と存在記号は順番によって意味が異なる。以下の例を見ていこう。

(1) 最初に，つぎの命題について考える。

$$\forall x \, \exists y \, P(x, y)$$

は「すべての x について，$P(x, y)$ を満たす y が存在する」という意味になる。つまり，「どんな x を持ってきても，その x に対して $P(x, y)$ を満たすような y が必ず一つは存在する」ということになる。x が可算であれば，少なくとも x の個数だけ y も存在するのである。

(2) つぎに，最初の命題の量化記号を入れ替えてみよう．

$$\exists x \, \forall y \, P(x,y)$$

は「すべての y について $P(x,y)$ を満たす x が，少なくとも一つ存在する」という意味になる．つまり，「x は一つしかないかもしれないが，その x については，すべての y に対して $P(x,y)$ を満たす」ということになる．

(3) つぎに，最初の命題の命題変数を入れ替えてみよう．

$$\forall y \, \exists x \, P(x,y)$$

は，「すべての y について，$P(x,y)$ を満たす x が存在する」という意味になる．つまり，「どんな y を持ってきても，その y に対して $P(x,y)$ を満たすような x が必ず一つは存在する」ということになる．y が可算であれば，少なくとも y の個数だけ x も存在するのである．

(4) 最後に，量化記号と命題変数のどちらも入れ替えてみる．

$$\exists y \, \forall x \, P(x,y)$$

は「すべての x について $P(x,y)$ を満たす y が，少なくとも一つ存在する」という意味になる．つまり，「y は一つしかないかもしれないが，その y については，すべての x に対して $P(x,y)$ を満たす」ということになる．

以上，すべて意味が変わってしまう．そこで，述語論理を考えるときの主語は一番左側であり，そこから右に読んでいくと思えば，だいたいにおいて正しいだろう．

論理式中に出てくる変項が，量化記号とともに使われているか，量化記号の出現範囲内であるなら，その変項を**束縛変項** (bound variable) という．また，束縛変項でない変項を**自由変項** (free variable) という．

2.3.3 述語論理の論理式

命題論理における論理式と同様,述語論理における論理式も適宜できる。簡単にいえば,命題論理に量化記号を入れた論理が,述語論理における論理式[†]である。では,述語論理における論理式の定義をつぎに示そう。

定義 2.9 (述語論理の論理式)   述語論理において,以下を満たすものを**論理式**(well-formed formula, wff)という。

(1) 0, 1, 命題変数はそれ以上分けることのできない原子論理式である。
(2) P が命題変数であれば,P は論理式である。
(3) P が論理式であれば,$\neg P$ は論理式である。
(4) P と Q が論理式であれば,$P \circ Q$ も論理式である。ここで $\circ$ は,$\vee$, $\wedge$, $\to$, $\leftrightarrow$ のいずれかを表す。
(5) P が論理式であり,x が P に含まれる自由変項であれば,$\forall x(P(x))$ と $\exists x(P(x))$ は論理式である。

これらの論理式を扱う体系を**述語論理**(predicate logic)という。

恒真式と恒偽式は命題論理と同様の定義になるが,量化記号がある分だけ,解釈の定義がややこしい。命題論理の解釈に加え,つぎの規則に従って解釈をする。

(1) 論理式 $\forall x\ P(x)$ が議論領域のすべての x について真であれば真である。
(2) 論理式 $\exists x\ P(x)$ が議論領域の x について一つでも真であれば真である。

述語論理における恒真式と恒偽式の性質について記そう。

2.3.4 述語論理の基本的性質

述語論理の基本的な性質について,証明なしで示しておこう。

[†] これもあくまで述語論理における論理式であることに注意しよう。

定理 2.5 (述語論理の基本的性質)　P, Q, R を論理式とし，$\mathfrak{Q}$ を量化記号，x, y を変項とする。そのとき，命題論理の基本的性質に加えて，以下が成り立つ。

(1)　$\neg(\forall x\ P(x)) = \exists x\ (\neg P(x))$
$\neg(\exists x\ P(x)) = \forall x\ (\neg P(x))$

(2)　$\begin{cases} \mathfrak{Q}x\ P(x) \lor Q = \mathfrak{Q}x\ (P(x) \lor Q) \\ \mathfrak{Q}x\ P(x) \land Q = \mathfrak{Q}x\ (P(x) \land Q) \end{cases}$

(3)　$\begin{cases} \forall x\ P(x) \land \forall x\ Q(x) = \forall x\ (P(x) \land Q(x)) \\ \exists x\ P(x) \lor \exists x\ Q(x) = \exists x\ (P(x) \lor Q(x)) \end{cases}$

(量化記号に関する分配律)

(4)　$\begin{cases} \mathfrak{Q}_1 x\ P(x) \lor \mathfrak{Q}_2 x\ Q(x) = \mathfrak{Q}_1 x\ \mathfrak{Q}_2 y\ (P(x) \lor Q(y)) \\ \mathfrak{Q}_3 x\ P(x) \land \mathfrak{Q}_4 x\ Q(x) = \mathfrak{Q}_3 x\ \mathfrak{Q}_4 y\ (P(x) \land Q(y)) \end{cases}$

2.3.5　推論規則

論理的帰結については，命題論理と同様の定義 2.4 になる。また，述語論理の推論では，命題論理の推論に加えて，量化記号に関する以下の推論規則を設ける。ここで，x は変項，a は定項であり，a が x に代入可能とする。

(1)　$\forall x\ P(x) \Rightarrow P(a)$

(2)　$(\forall x\ (P(x) \to Q(x))) \land P(a) \Rightarrow Q(a)$

述語論理の解釈および推論規則については詳細に立ち入っていないので，興味のある読者は専門書を参考にしてほしい。

章 末 問 題

【 1 】 命題論理の恒真式を作り，それが恒真式であることを示せ。
【 2 】 命題論理の基本的性質に関する定理 2.1 を証明せよ。
【 3 】 演繹推論の性質に関する定理 2.2 を証明せよ。
【 4 】 融合の完全性に関する定理 2.4 を証明せよ。
【 5 】 述語論理の恒真式を作り，それが恒真式であることを示せ。
【 6 】 述語論理の基本的性質に関する定理 2.5 を証明せよ。

3 集合論の基礎

集合は論理と同様,数学の最も基礎的な概念であり,現代の数学のほとんどすべてが集合を用いて記述されている。そのため,現在の確率論も集合論の基礎知識がないと理解が難しい。そこでここでは,集合論の基礎について述べよう。

3.1 集合と空間

3.1.1 素朴な意味での集合

集合とは,簡単にいうと「区別できるモノの集まり」である。区別できなければ同一のものとみなされる。モノは果物でも単語でも何でもよいが,数学では数や関数を対象とすることが多い。ただし,モノが集合の場合,つまり集合の集合は**族** (family, class) と呼び,集合ではないということに注意しておいてほしい。

集合を構成するモノを**要素** (element), **元** (element), **点** (point), **対象** (object) などと呼ぶ。呼び方は著者の流儀やどういう分野の中で集合が扱われているかによる。集合論では元,関数解析学では要素,幾何学では点,データ解析では対象と呼ぶことが多いように思われるが,これはあくまで著者の感覚であり,そうと決まっているわけではない。

いま考えている対象すべての集まりを**全体集合**(universal set) といい,全体集合の一部の要素の集まりを**部分集合**(subset),または単に**集合**(set) という。全体集合とその部分集合の関係だけではなく,二つの集合 A と B について,A の要素がすべて B の要素になっているとき,A を B の部分集合といい

$$A \subset B, \quad B \supset A$$

と書く。ある全体集合 X の要素 x が集合 A に含まれているとき

$$x \in A, \quad A \ni x$$

含まれていないとき

$$x \notin A, \quad A \not\ni x$$

と書く。特に，要素に何も持たない集合のことを**空集合**（empty set）といい，ϕ で表す。また，二つの集合 A と B について，$A \subset B$ かつ $A \supset B$ のとき，A と B は**等しい**といい

$$A = B$$

と書く。

ある集合 A を表すとき，以下のような書き方を使うことも覚えておいてほしい。

$$A = \{\text{ 要素の列挙 }\}$$

$$A = \{x \in \text{全体集合} \mid x \text{ の持つ性質・条件}\}$$

例えば，偶数の集合は

$$\text{偶数の集合} = \{\ldots, -6, -4, -2, 0, 2, 4, 6, \ldots\}$$

と書くことができるし，全体集合である自然数の集合 $\mathbb{N}$ と x を a で割ったときの余りを示す演算 $x \mod a$ を使って

$$\text{偶数の集合} = \{x \in \mathbb{N} \mid x \mod 2 = 0\}$$

と書くこともできる。

よく使う全体集合とその記号について列挙しておこう。

(1) 自然数の集合：$\mathbb{N}$

(2) **0 以上の整数の集合**：$\mathbb{N}_0 = \mathbb{N} \cup \{0\}$

(3) 整数の集合：$\mathbb{Z}$

(4) 有理数の集合：$\mathbb{Q}$

(5) 実数の集合：$\mathbb{R}$

3.1.2 ZFC 公理系による集合

この項の目的は，集合をより厳密に定義することにあるが，もう一つの目的は，集合を正確に記述するとどうなるかを読者に知ってもらうためである．この項を理解しなくても，本書を読み進めるのに困ることはないので，特に興味のある読者以外は飛ばしてもらってかまわない．

さて，先に述べた集合は素朴な定義であり，ラッセルのパラドックスをはじめとして，いくつかの矛盾を抱えることになった．それらの矛盾を避けるため，集合を公理で定める公理的集合論が提案され，その中でも，ツェルメロとフレンケルによって構築された ZF 公理系に，**選択公理**（axiom of choice）と呼ばれる公理を加えた ZFC 公理系が現在の主流となっている．基本的には上記の素朴な定義で事足りるが，読者の理解のため，ZFC 公理系について述べる．ZFC 公理系における基本関係は，「要素である」という意味の無定義述語 $\in$ のみであり，部分集合や空集合など，他の関係や概念はこの述語からの派生であることに注意しよう．例えば，同一関係 "=" は外延性公理で定義され，部分集合は

$$x \subset y \leftrightarrow \forall z(z \in x \rightarrow z \in y)$$

で定義される．

式の煩雑さを防ぐため，最も外側の全称記号は省略し，制限された限定作用素を用いることにする．すなわち，$\exists x \in a A(x)$ は $\exists x(x \in a \wedge A(x))$ を，$\forall x \in a A(x)$ は $\forall x(x \in a \rightarrow A(x))$ を意味する．

定義 3.1　（ZFC 公理系）　x, y, z, u, v を変項，A を論理式とする．

(1) **外延性公理**（axiom of extensionality）

$$\forall x \forall y (\forall z (z \in x \leftrightarrow z \in y) \to x = y)$$

要素が同じ集合は等しいことを意味している。論理式 $\forall z(z \in x \to z \in y)$ は「x は y の部分集合」ということを表し，$x \subset y$ と書く。この x と y との関係を**包含関係**（inclusion）という。

(2) **対の公理**（pairing axiom）

$$\forall x \, \forall y \, \exists z \, \forall u \, (u \in z \leftrightarrow u \in x \lor u \in y)$$

任意の集合 x, y に対して，x と y だけを要素とする集合 z が存在することを意味している。

(3) **和の公理**（sum axiom）

$$\forall x \, \exists y \, \forall z \, (z \in y \leftrightarrow \exists u \, (z \in u \land u \in x))$$

任意の集合族 x に対して，x の要素である集合 u の和集合 y の存在を意味している。和集合は $\bigcup u$ と表される。また，$\bigcup \{u, v\}$ を $u \cup v$ と表す。

(4) **べき集合の公理**（axiom of power set）

$$\forall x \, \exists y \, \forall z \, (z \in y \leftrightarrow z \subset x)$$

集合 x に対して，x の部分集合の全体から成る集合 y の存在を意味している。この集合 y を x の**べき集合**（power set）という。

(5) **空集合の公理**（axiom of empty set）

$$\exists x \, \forall y \, \neg (y \in x)$$

要素を持たない集合の存在を意味している。この集合は**空集合**（empty set）と呼ばれ，ϕ で表される。

(6) **無限公理**（axiom of infinity）

$$\exists x \, (\phi \in x \land \forall y \, (y \in x \to y \cup \{y\} \in x))$$

自然数すべてを含む集合の存在を意味している。

(7) **分出公理**（axiom of separation）

$$\forall x \, \exists y \, \forall z \, (z \in y \leftrightarrow (z \in x \land A(z)))$$

集合 x の要素で $A(z)$ を満たすものを集めたものは集合となることを意味している。この公理は置換公理から導かれるので，本質的には必要でないが，実際によく用いられるのはこちらの分出公理である。

(8) **置換公理**（axiom of replacement）

$$\forall u \, (\forall x \, \forall y \, \forall z \, ((x \in u \land A(x,y) \land A(x,z)) \to y = z)$$
$$\to \exists v \, \forall y \, (y \in v \leftrightarrow \exists x \, (x \in u \land A(x,y))))$$

集合 u が集合間の関数関係における変域であれば，その値域 v も集合となることを意味している。置換公理は分出公理の拡張であり，置換公理を他の公理と組み合わせることにより，分出公理を導出することができるが，この公理自体は，通常の数学で用いられることはほとんどない。

(9) **正則性公理**（axiom of regularity）

$$\forall x \, \exists y \, (x = \phi \lor (y \in x \land \forall z \, (z \in x \to \neg(z \in y))))$$

$\cdots \in y_2 \in y_1$ などの $\in$ の無限降下列の禁止を意味している。この公理により，ラッセルのパラドックスが回避できる。

(10) **選択公理**（axiom of choice）

$$\forall x \, \exists f \, ((f \text{ は関数}) \land (x \text{ は } f \text{ の定義域})$$
$$\land \, \forall y \, ((y \in x \land \neg(y = \phi)) \to f(y) \in y))$$

空集合を含まないような任意の集合族 x に対して，x から $\bigcup x$ への

写像 f で，$f(y) \in y$ がすべての集合 $y \in$ について成り立つようなものが存在することを意味している。f は**選択関数**（choice function）と呼ばれ，集合族 x の要素である集合の一つひとつである y から，さらにその要素 $f(y)$ を選択する関数である。

3.1.3 空　　　間

ここで，よく使われる「空間」という用語について簡単に説明しよう。

空間とは構造の入った集合と思えばよい。構造の入れ方にもいろいろあり，その集合の任意の要素間に関数を導入して空間を作る方法もあれば，その集合の部分集合の集まりに特定の性質を導入して作る方法もある。

前者の例として，距離空間や内積空間，線形空間などが挙げられる。実数の集まりという単なる集合に対して，任意の実数間に差の絶対値を距離として定めれば距離空間になるし，内積を定めれば内積空間になる。このような場合には，もともとの全体集合と導入された関数を組にして表す。

一方，後者のようにして作られた空間を**位相空間**（topological space）という。つまり位相空間とは，もともとの集合と，ある決まった性質を満たす部分集合全体の族の組として定義されている。

3.2　集合の演算の定義

多くの教科書にそれと明示されていないが，集合の演算は，有限個の場合と無限個の場合で分けて考えなければならない。演算に限らず，有限の世界では些細なことが無限の世界では理論を根底から揺るがす，そういう場合が多々あり，無限の扱いには細心の注意を払わなければならない。数学の歴史は，人類が無限という怪物とどのように対峙してきたかの歴史といってもよいのである。

ここではまず有限個の演算について述べ，それを自然に無限個の演算に拡張する。一見するとごく当たり前に見えるかもしれないが，有限個の場合で成り

立つ公式が無限個の場合でも成り立つことを示すためには，結構たいへんな証明が必要になるのである。

この本の目的は集合論の詳細を述べることではないので，公式については証明なしで結果だけ示すが，興味ある読者はぜひ自力で解いてみてほしい。

3.2.1 有限個の演算

二つの集合 A と B について，少なくともどちらか一方に含まれる要素 x の集合を A と B との**和集合**（union, sum）や**結合**（join）といい，つぎのように書く。

$$A \cup B = \{x \mid x \in A \vee x \in B\}$$

また，どちらにも含まれる要素 x の集合を A と B との**積集合**，**共通集合**，**交わり**（intersection）などといい，つぎのように書く。

$$A \cap B = \{x \mid x \in A \wedge x \in B\}$$

$A \cap B = \phi$，つまり A と B とが交わらないとき，**互いに素**（coprime）であるといい，たがいに素な A と B との和集合を**直和**（direct union, direct sum）という。

A に含まれて B に含まれない要素 x の集合を，A から B を引いた**差集合**（difference set）といい

$$A \setminus B = \{x \mid x \in A \wedge x \notin B\}$$

と書く。$A - B$ と書くこともあるが，加法群のように加法 $+$ を持つ代数系の場合，$A - B$ は $\{x - y \mid x \in A, y \in B\}$ という意味になり，誤解しやすいので，本書では上記の記法を使う。差集合を考えるとき $B \subset A$ である必要はないことに注意しよう。

X を全体集合とするとき，$X \setminus A$ を A の**補集合**（complement）といい，A^c と書く。

二つの集合 A と B が与えられたとき，A の要素 x と B の要素 y を取り出し，この二つを組 (x,y) にして一つの要素と考える。この組を要素とする集合を A と B の**直積** (direct product) といい

$$A \times B = \{(x,y) \mid x \in A \wedge y \in B\}$$

で表す。この組は順序対，つまり入替えできないので，$(x,y) \neq (y,x)$ となる。そのため

$$A \times B \neq B \times A$$

である。

例 3.1 実数の集合 $\mathbb{R}$ の n 個の直積を **n 次元実数空間**（n-dimensional real space）といい，$\mathbb{R}^n$ で表す。ちなみにそれ自体との直積を**デカルトべき**（power）という。

3.2.2 無限個の演算

先に説明した演算は有限個の集合についてのものだったが，順序の付いた無限個の集合の列 $A_1, A_2, \ldots$ の演算についても同じように定義できる。

まず，集合の和と積はつぎのように書ける。

$$A_1 \cup A_2 \cup \ldots = \bigcup_{n=1}^{\infty} A_n$$

$$A_1 \cap A_2 \cap \ldots = \bigcap_{n=1}^{\infty} A_n$$

つぎに上極限と下極限について定義しよう。集合列 $\{A_n\}$ の**上極限** (limit superior) は無限個の A_n に属する要素からできている集合で，以下のように定義される。

$$\varlimsup_{n \to \infty} A_n = \limsup_{n \to \infty} A_n = \bigcap_{n=1}^{\infty} \bigcup_{i=1}^{\infty} A_i$$

集合列 $\{A_n\}$ の**下極限**（limit inferior）は有限個の集合を除いた残りすべての A_n に属する要素からできている集合で，以下のように定義される．

$$\varliminf_{n\to\infty} A_n = \liminf_{n\to\infty} A_n = \bigcup_{n=1}^{\infty} \bigcap_{i=1}^{\infty} A_i$$

定義から有限個の A_n を除いた残りすべての A_n に属する要素は，明らかに無限個の A_n に属しているので

$$\varliminf_{n\to\infty} A_n \subset \varlimsup_{n\to\infty} A_n$$

はすぐにわかる．

集合の上極限と下極限は特に確率論においてよく使われるので，確率を例にとって考えよう．コインを投げて n 回目に表が出ることを A_n で表す．

この場合，上極限は「無限回コインを投げたら無限回表が出る」ということを意味する．直感的には無限回コインを投げたら無限回表が出るだろうから，その確率は 1 と考えるのが妥当だろう．

また，下極限は「無限回コインを投げたら裏は有限回しか出ず，残りはすべて表が出る」ことを意味する．直感的には，裏が有限回しか出ないということはないだろうから，その確率は 0 になるだろう．

もし上極限と下極限が一致する場合，つまり

$$\varliminf_{n\to\infty} A_n = \varlimsup_{n\to\infty} A_n$$

のとき，この集合を A_n の**極限**（limit）といい，$\lim_{n\to\infty} A_n$ と書く．また，集合列 A_n は $\lim_{n\to\infty} A_n$ に**収束**（convergence）するという．

上記のコイン投げの例だと，上極限と下極限は一致しないので，極限はない．実際，このコイン投げが表だけ，または裏だけに収束するとは考えられない．

直積についても集合列について考えることができる．$\{A_n\}$ の直積は以下のように定義される．

$$\prod_{n=1}^{\infty} A_n = \{(a_1, a_2, \dots) \mid a_n \in A_n\}$$

3.3 集合の基本的性質

ここでは集合に関する基本的な性質について,証明なしで示しておこう.この場合も,有限個の集合の場合と,無限個の集合の列について分けて考える必要がある.

3.3.1 有限個の場合

定理 3.1 (有限個の集合の基本的性質)　X を全体集合とし,A, B, C をその部分集合とする.

(1) $\begin{cases} A \cup A = A \\ A \cap A = A \end{cases}$ 　　　　　　　　　　　　　　　（べき等律）

(2) $\begin{cases} A \cup B = B \cup A \\ A \cap B = B \cap A \end{cases}$ 　　　　　　　　　　　　（交換律）

(3) $\begin{cases} (A \cup B) \cup C = A \cup (B \cup C) \\ (A \cap B) \cap C = A \cap (B \cap C) \end{cases}$ 　　　　（結合律）

(4) $\begin{cases} (A \cup B) \cap C = (A \cap C) \cup (B \cap C) \\ (A \cap B) \cup C = (A \cup C) \cap (B \cup C) \end{cases}$ 　（分配律）

(5) $X^c = \phi, \quad \phi^c = X$

(6) $\begin{cases} A \cup A^c = X \quad \text{(排中律)} \\ A \cap A^c = \phi \quad \text{(矛盾律)} \end{cases}$ 　　　　　　（相補律）

(7) $(A^c)^c = A$ 　　　　　　　　　　　　　　　　（二重否定）

(8) $\begin{cases} (A \cup B)^c = A^c \cap B^c \\ (A \cap B)^c = A^c \cup B^c \end{cases}$ 　　　　　　（ド・モルガンの法則）

(9) $\begin{cases} A \cap (A \cup B) = A \\ A \cup (A \cap B) = A \end{cases}$ (吸収律)

(10) $\begin{cases} A \cup \phi = A, \quad A \cap \phi = \phi \\ A \cup X = X, \quad A \cap X = A \end{cases}$

(11) $A \setminus B = A \setminus (A \cap B) = A \cap B^c$

(12) $A \subset A$ (反射律)

(13) $(A \subset B) \wedge (B \subset C) \to A \subset C$ (推移律)

(14) $A \subset B \leftrightarrow A^c \supset B^c$

(15) $A \subset B \to (A \cup B = B) \wedge (A \cap B = A)$

(16) $(A \times B) \times C = A \times (B \times C) = A \times B \times C^\dagger$

3.3.2 無限個（集合列）の場合

上述の公式を無限個の集合列に拡張する場合，いくつかについては自明だが，そうでないものもある．まず，上述の公式のうち，(13) の前提を集合列に拡張しておく．

集合列 $\{A_n\}$ が

$$A_1 \subset A_2 \subset A_3 \subset \ldots$$

を満たすとき，**非減少**（non-decreasing）といい

$$A_1 \supset A_2 \supset A_3 \supset \ldots$$

を満たすとき，**非増加**（non-increasing）という．また，両者ともに**単調**（monotone）という．では，集合列における公式を証明なしで示そう．

---

† 厳密にはこれら三つの集合は異なる．しかし，$a \in A, b \in B, c \in C$ としたとき，$((a,b),c)$, $(a,(b,c))$, (a,b,c) それぞれの間には全単射が存在するので，多くの場合，これらを同一視することにしており，本書でもそれに倣うことにする．

定理 3.2 (集合列の基本的性質)

(1) $A_1 \subset A_2 \subset \ldots \to \lim_{n\to\infty} A_n = \bigcup_{n=1}^{\infty} A_n$

$A_1 \supset A_2 \supset \ldots \to \lim_{n\to\infty} A_n = \bigcap_{n=1}^{\infty} A_n$

(2) $\left(\bigcup_{n=1}^{\infty} A_n\right) \cap B = \bigcup_{n=1}^{\infty} (A_n \cap B)$

$\left(\bigcap_{n=1}^{\infty} A_n\right) \cup B = \bigcap_{n=1}^{\infty} (A_n \cup B)$ （分配律）

(3) $\left(\bigcap_{n=1}^{\infty} A_n\right)^c = \bigcup_{n=1}^{\infty} A_n^c$

$\left(\bigcup_{n=1}^{\infty} A_n\right)^c = \bigcap_{n=1}^{\infty} A_n^c$ （ド・モルガンの法則）

3.4 有限集合と無限集合・可算集合と非可算集合

有限個の要素から成る集合を**有限集合** (finite set)，有限集合でない集合を**無限集合** (infinite set) という．空集合は有限集合に入れる．

A を無限集合としたとき，A の要素に自然数の番号を付けて並べればすべての要素を数え尽くすことができる，つまり，A のすべての要素に対して自然数を 1 対 1 で対応付けできるとき，A を**可算無限集合** (countably infinite set) という．任意の有限集合も同様にすべての要素と自然数の間に全単射が存在するので，有限集合と可算無限集合を合わせて**可算集合** (countable set) という．可算集合でない集合を**非可算集合** (uncountable set) という．非可算集合は可算集合より「多くの」要素を持っているというイメージである．

例 3.2 集合 $\{x \in \mathbb{Z} \mid a \leqq x \leqq b, \, a, b \in \mathbb{Z}\}$ は $b - a + 1$ 個の要素から成

る有限集合である．自然数の集合 $\mathbb{N}$，整数の集合 $\mathbb{Z}$，有理数の集合 $\mathbb{Q}$ は可算無限集合である．実数の集合 $\mathbb{R}$ は非可算集合である．

章 末 問 題

【1】 集合の基本的性質に関する定理 3.1 および定理 3.2 を証明せよ．
【2】 有理数の集合 $\mathbb{Q}$ が可算無限集合であることを示せ．
【3】 実数の集合 $\mathbb{R}$ が非可算集合であることを示せ．

── 第II部【表現のあいまいさ】──

4 非古典論理への序章

ここからは**非古典論理**（non-classical logic）について述べる。確率論と比較すると，非古典論理についての文献はさほど多くない。ここでも，論理学のたどった歴史を見ながら考えていこう。とはいえ，論理学の歴史は奥が深く，本書で簡単に述べられるようなものではないので，かなり割愛せざるを得ない。

4.1 論理学の歴史

論理学とは，歴史的には哲学の一分野であり，人間の思考の規則や法則を研究する学問のことを指す。論理学の基となる推論は，人間とともにあったことは間違いない。しかし，推論や証明の規則や原理が研究の対象となったのは，古代エジプトやバビロニアであろうと考えられている。

アリストテレスの師であるプラトンは，記号論理ではなく，哲学論理についての深い洞察を行ったが，現代の記号論理に通じる論理学の礎を打ち立てたのは，確率にも大きな影響を及ぼしたアリストテレスである。哲学論理を「言語や記号という形而下のものに基づいて思考という形而上のものを議論する学問」とすれば，記号論理は，「思考という形而上のものを言語や記号という形而下のものに置き換えて議論する学問」といえる。アリストテレスはその著作集「オルガノン」の中で，さまざまな論理について議論した。例えば，「オルガノン」の中の「命題論」では，命題の定義や否定，量化記号への言及がされているし，「分析論前書」では三段論法の定式化といった重要な概念が議論されている。これらは現代の記号論理にそのまま結び付いていくことになる。

4.1 論理学の歴史

このアリストテレスの築き上げた論理学（アリストテレス論理学）の体系は，ギリシャから広くイスラムやヨーロッパに伝わったが，ヨーロッパよりイスラムやビザンチンへその体系はよく伝わっている。480年に西ローマ帝国が崩壊し，中世が始まると，ヨーロッパは群雄割拠した。この時代，話し言葉はそれぞれの地域の言語を使っていたのに対して，学問において用いられる書き言葉はラテン語であり，この習得にかなりの労力を必要とする。それに加え，各都市や領主の規模が大きくないため，高度な学問は必要なくなり，そのため，アリストテレス論理学のみならず，ヨーロッパの学問は長期にわたって停滞を余儀なくされた。

12世紀に入ると状況が変わってくる。ヨーロッパでは都市の発展に伴って規模が大きくなり，イスラムとの交流が盛んになり，それらの交流を通じて，イスラムに伝わっていたアリストテレスをはじめとするギリシャの書物が，ラテン語に翻訳されてヨーロッパに流入したので，それらの思想が再発見されるようになった。折しも，当時大きな力となっていたローマ・カトリック教会が神学校・法学校を各地に整備するようになり，それらの学校が大学として整備されるようになると，アリストテレス論理学は大学の基本教科であるリベラルアーツの一つとして，スコラ学と結び付き，知識階層に浸透していく。スコラ学の目的は，問題から答えを理詰めで導き，矛盾を解決することにあるため，アリストテレス論理学との親和性が非常に高かった。そのため，アリストテレス論理学は，内容と構造を切り離して，形式的に精緻化される。この論理学を**形式論理学**という。

しかし，たとえ形式論理学として再構築されたとはいえ，アリストテレス論理学の体系が確固だったため，本質はアリストテレス論理学と変わらなかった。現在から翻るとライプニッツが現在の様相論理の嚆矢ともいえる可能世界意味論に大きな足跡を残したが，当の本人自身が自らの業績を評価していなかった節があり，しばらく顧みられることはなかった。その後，カントが「アリストテレス以来進歩もなければ後退もない，いわば完成された学問」といったように，形式論理学の装いとなったアリストテレス論理学は近世に至るまで変わる

ことなく受け継がれてきた。

19世紀後半に，ブール代数の祖であるブール，「ド・モルガンの法則」で有名なド・モルガン，アリストテレス以来最大の論理学者といわれたフレーゲらによって，言葉の代わりに数学の演算規則を用いた記号論理学が提唱される。これによって論理学は現在の形に整備された。本書でいうところの古典論理である。

しかし，19世紀には数学や物理の他分野が大きな進歩を遂げ，その中で，経験に基づくユークリッド幾何学の公理を否定し，数学者の直観に基づいた公理系を基にした非ユークリッド幾何の提唱や，同様に経験に基づくニュートン力学を否定し，物理学者の直観に基づく相対性理論の発見により，数学的直観が重視されるようになってくる。数学的直観主義とは「数学的理論の基礎は科学者の数学的直観に置くべきである」という立場であり，特にブラウワーによって強く支持された。

ブラウワーの立場は，「数学的概念とは数学者の精神から生み出されたものなので，その存在は背理法を使わず，構成的に示されるべきである」というものであり，それゆえに彼は「排中律を論理学で用いるべきでない」と主張した。これは後にブラウワーの弟子のハイティングらによって，**直感主義論理**（intuitionistic logic）として体系化されることになる。直感主義論理自体は，背理法が使えないなど，あまりに融通が利かないので，受け入れられなくなっていった。

その後，ルイスが古典論理の含意を実質含意と呼んだ上で，実質含意 $P \to Q$ において Q が真ならば P が何であっても含意として真となる点（実質含意のパラドックス）を批判し，それに代わる概念として厳密含意を提案した（例えば文献4））。ルイス自身は実質含意に代わって厳密含意による論理の体系の構築が主目的で，命題の確実性の度合いを表す「現実的」「可能的」「必然的」という様相を取り込んだ論理（様相論理）は，あくまでその副産物としていた気配があるが，様相論理はカルナップやマッキンゼー，クリプキらによって深化し，その後，時相論理への拡張や計算機工学への応用が進んでいる。ただし，様相論理の萌芽は，やはりアリストテレスの著作に見られ，その意味では様相論理

もまた，アリストテレスの手のひらから出たとはいえない。

ブラウワーとは別に，ウカシェヴィッツは矛盾律を否定し，「真と偽の間に不明がある」という立場から，**三値論理**（three-valued logic）を提唱した。これは，命題の真理値自体を 0 と 1 以外も許すという点から，直観主義論理や様相論理とは異なる体系となる。三値論理の場合，命題の取る真理値は不明を表す $1/2$ を含めて $\{0, 1/2, 1\}$ となるが，三値を増やし，$\{0, 1/n, 2/n, \ldots, (n-1)/n, 1\}$ の $(n+1)$ 値を許す $(n+1)$ 値論理まで含めて**多値論理**（multi-valued logic）という。区間 $[0, 1]$ の間のすべての値を許すファジィ論理も広義の意味で多値論理に含まれる。

さらに，ザデーは，真理値を数値ではなく，「やや真」「かなり偽」などの言語で表現する立場から，ファジィ集合に基づく**ファジィ論理**（fuzzy logic）を提唱した。ファジィ論理は現在，制御を中心とした工学の分野で幅広く応用されている。

コーヒーブレイク

リベラルアーツはもともと「人を自由にする学問」という意味である。初期の大学のリベラルアーツは論理学，文法学，修辞学，天文学，算術，幾何，音楽のことを指すが，これを自由 7 科といった。現代でリベラルアーツといえば，大学でまず身に付ける基礎教養科目のことで，この 7 科目ではないが，時代の違いを考えれば当然だろう。

4.2 確率論との関連

確率論と論理学の祖がどちらもアリストテレスであることは，確率論と論理学が思想的に同じ祖先を持つことを示している。

アリストテレスのいう学問とは，自然学と形而上学から成る「理論」，政治学と倫理学から成る「実践」，詩学を意味する「制作」の三つを指し，アリストテレスにおける論理学は，これらの学問成果を手に入れるための道具（オルガノン）であり，それがそのまま著作集のタイトルとなっている。彼のこれらの思

想の基盤は実在論†であり，この実在論は，「実体と偶然性の区別」に立脚したものであった．すなわち，確率論の 8.1.2 項でも述べているように，アリストテレスにおける学問は偶性の概念を否定したところにあったのである．

そう考えると，アリストテレス論理学，そしてその後継たる古典論理の基盤もわかる．古典論理はその誕生から，確率を含む偶性を排除して構築されてきているのである．また，アリストテレス論理学がスコラ学と結び付いたことも見逃せない．スコラ学の泰斗の 1 人にトマス・アクィナスがおり，彼もまた，確率の歴史に大きな影響をもたらしたからである．

また，「アリストテレス以来まったく発展してこなかった」とカントが指摘した論理学の停滞期は，近世に至るまで，奇しくも確率論の停滞期と時期を一にする．さらに，確率論に主観を取り入れる主観確率が提唱されたのは 1930 年代，論理学に可能性の概念を入れた様相論理が提唱されたのは 1910 年代，多値論理が提唱されたのは 1920 年代と，これらの時期も重なる．中でも注目すべきは，1920 年代にケインズらによって提唱された確率の論理的解釈だろう．これは，論理学と確率論を一つの理論として統合する試みである．紀元前 350 年頃にアリストテレスによって実体と偶然性が区別されたことに端を発した二つの理論が 2300 年近くの年月を経て邂逅（かいこう）する在り様は，われわれ人類にとって「あいまいさ」がどれほど捉えにくいか，また，「あいまいさ」の歴史がいかにダイナミックなものであるか，を示す証左といえる．

ざっくりいうと，確率論と論理学は実在論という思想をキーとした表裏の理論，ということができるだろう．実在論が人間の認識する「あいまいさ」という揺らぎに相対する姿勢の一つであることを考えると，論理学は実在論に従ってあいまいさを排除し，問題を解決するための道具であり，確率論は実在論に背を向けてあいまいさを許容し，問題を解決するための道具である．

また，これは推測だが，確率論の停滞期であった中世，キリスト教による賭けの禁止に伴って，確率を土台とした賭けを有利に進めるさまざまな工夫が非

---

† 言葉に対応するものは実在している，すなわち，認識主体とは独立して存在しているという立場である．

合法化したことは想像に難くない。また，賭けの場は裏社会との結び付きが強くなる。確率論は賭けを有利に進めるためのノウハウとして姿を変えて，そのような社会の中に蓄積されていった可能性は否定できない。人間の論理的思考の真実を解き明かすため，スコラ学と結び付いて大学での教養課程に組み入れられ，表舞台の学問となった論理学と，非合法化して裏社会の武器となったかもしれない確率論，ともにアリストテレスを起源とした哲学に源流を見ることができるのは，歴史の面白さを感じる。

4.3 　論理の構文論・意味論・語用論

ところで非古典論理に限らず，論理には構文論・意味論・語用論の三つの側面があるといわれている†。これは，モリスが著書「記号理論の基礎」(文献 5))の中で初めて示した。

(1) **構文論** (syntax) とは，命題の真偽や内容はいったん棚上げしておいて，記号の持つ構文的な規則だけに着目し，記号相互の導出関係や記号変形の規則のみによって論理式を処理していくものである。

(2) **意味論** (semantics) とは，命題の真偽や内容自体を問うものである。真理値表や恒真式，論理的帰結，充足可能性などが含まれる。

(3) **語用論** (pragmatics) とは，論理とその使用者との関係を問うものであり，記号論理学で対象としている議論からはそれる場合が多いので，ここでも議論の対象とはしない。

例えば，「雷が鳴れば雨が降る」を例にして考えると，「雷」や「雨」，「鳴る」，「降る」といった語句の意味を考えず，単なる主語と動詞として，語句と語句の間の関係（文法）のみを考えるのが構文論である。一方，「雷が鳴る」という気象現象が真であれば，「雨が降る」という気象現象は真である。このように，語句と内容との関係（真偽など）を考えるのが意味論である。また，平野部と山

---

† 正確には論理ではなく言語も含めた広義の記号についてだが，論理も記号に含まれているので，論理にもこれら三つの側面があると考えてよい。

間部，国や地域による居住場所の違いによって，この命題の捉え方は変わるだろう．このように，語句と使用者との関係を考えるのが語用論である．

　論理を学ぶときには，どちらの立場で議論されているかを絶えず意識する必要がある．例えば，定義 2.1 は命題論理における構文論であり，定義 2.9 は述語論理における構文論である．しかし構文論と意味論とは密接に関連し合うため，古典論理の場合，あえて明示的せずに説明することが多く，本書でもそうしている．しかし，本来は古典論理でも構文論と意味論は分けて考える方がよく，特に様相論理では，命題の可能性を扱うため，手続きの構文論と真偽の意味論を区別して述べた方がよい．意味論について深めたい読者は，例えば文献 6) や文献 7) を当たってみるとよいだろう．

5 様相論理

　古典論理で扱う命題に対して，命題の確実性の度合いである**様相**（modality）を併せて考えたものが**様相論理**（modal logic）である。様相には通常，実際にあることを意味する「現実的」，やがてそうなり得る可能性があることを意味する「可能的」，それ以外ではあり得ないことを意味する「必然的」の3種類があるが，このうち「現実的」を古典論理の真偽で扱っているとすれば，様相論理で扱う様相は「可能的」と「必然的」になる。

　先の「雷が鳴れば雨が降る」という命題を考えてみよう。古典論理ではこの命題は文字どおりの解釈しかないが，実際には，「雷が鳴れば必ず雨が降る」「雷が鳴れば雨が降る場合もある」など，状況に応じてさまざまな捉え方ができる。また，「雷が鳴る」ときと「雨が降る」ときが過去・現在・未来のどのときかで，それは「必ず」であったり「可能性がある」であったりする。これらの違いを表現するのが様相論理であり，命題の時間経過や，原因と結果の関連の記述も可能となる。

　さて，先に述べたように，様相論理はそもそも，実質含意のパラドックスをどうやって克服するかを考える過程で定式化されていったものである。そこでまず，実質含意のパラドックスについて見ていこう。

5.1　実質含意のパラドックス

　実質含意のパラドックスを考えるにあたって，まず，古典論理を扱うときの約束事について述べる。古典論理はつぎを前提としている。

(1) 命題の内容自体は考えず，その真理値のみを扱う．すなわち，命題の意味とは真理値のことである．

(**外延性原理**)（principle of extension）

(2) 命題の真理値は 1 か 0 かの 2 値しかとらない．

(**二値原理**)（principle of bivalence）

この原理に基づいているので古典論理はブール代数で記述でき，数学的な理論体系を持つに至った．

表 5.1 再掲：$P \to Q$

P	Q	$P \to Q$
0	0	1
0	1	1
1	0	0
1	1	1

含意もこれらの原理を基にして考えられる．含意はこれまで述べたように，二つの命題 P と Q において，$P \to Q = \neg P \vee Q$ を満たすものであった．改めて，含意の真理値表を**表 5.1** で見てみよう．つまり，含意 $P \to Q$ が真となる場合，後件部が真であれば前件部 P の真偽は問わない．また，前件部が偽であれば後件部の真偽は問わない．

しかし，つぎの例を考えてみよう．最近，地域の防災センターから「雷が鳴れば雨が降るので注意を」との放送がなされた．そしてその後，雷が鳴り，いくばくもしないうちに雨が降ったのであれば，この放送は真だったといえるだろう（表 5.1 の $p = q = 1$ に対応）．雷が鳴らずに雨も降らなかったとしても，放送を偽とする理由はないので，真といってよい（表 5.1 の $p = q = 0$ に対応）．また，雷が鳴ったのに雨が降らなければ，この放送は偽といえる（表 5.1 の $p = 1$, $q = 0$ に対応）．問題は，雷が鳴らなかったのに雨が降った場合である（表 5.1 の $p = 0$, $q = 1$ に対応）．この場合，含意は真となるが，これは妥当だろうか？

「雷が鳴れば雨が降る」という表現をわれわれが使う場合には，「雷が鳴る」と「雨が降る」を等価，すなわち必要十分条件としては使わず，あくまで「雷が鳴る」は「雨が降る」の十分条件として考えているだけである．もしこれを偽とするならば，真理値表から含意が真であるのは $p = q = 0$ または $p = q = 1$ のときのみ，またそのときのみ含意が真となるので，これは必要十分条件を意味することになる．$p = 0$ かつ $q = 1$ のときに含意が真となるということはつまり，実質含意は十分条件と解釈すべきであり，その点では，実質含意はわれわれ

が使う表現と整合性が取れていることになる。しかし，たとえ実質含意が十分条件として整合性が取れているとはいっても，これは考えてみればかなり不自然であり，その不自然を実質含意のパラドックスといった。しかも実は，含意を必要十分条件として用いることも多々ある。「人は歩道を」といわれた場合，「これは十分条件なので車でも歩道を走っていい」とはだれも思わない。この場合の含意は必要十分条件を表しているのである。

　このように，実際には命題の内容が含意の真偽に結び付くことはしばしばあり，その場合，命題の内容には踏み込まないとする外延性原理は不都合になる。また，「雷が鳴れば雨が降る」場合も，いつもそうであると限ったわけではなく，遠くの方で雷鳴がとどろいても，こちらでは一滴の雨も降らないことはある。だからといって，「雷が鳴れば雨が降る」という命題が偽かというと，そうとはいえない。この場合は，命題の真理値が0でも1でもない値を取ると考えられ，そうすると二値原理は不都合になる。

5.2　様相論理と厳密含意

　そこで，実質含意のパラドックスを避けるため，外延性原理でも二値原理でもない，別の約束事に基づいた含意が必要になってくる，とルイスは考えた。ルイスの考えによれば，前件部と後件部の内容の関連性を無視しては含意は成立しない。この関連性を含意に反映したものが**厳密含意**（strict implication）である。しかし，前件部と後件部の関連性は，古典論理では表現できない。そこで，その関連性を表現するために，新たな記号を導入することになった。この新たな記号に基づく論理が**様相論理**（modal logic）である。

　導入した新たな記号と，命題間の構文的な規則を記述したものが構文論であり，その真理値を扱うのが意味論なので，まずは様相論理の構文論から始めよう。

5.2.1　様相論理の構文論

　命題論理と同様に，原子論理式を考える。そのとき，様相論理の論理式は以

54　5. 様 相 論 理

下で定義される。

定義 5.1　（様相論理の論理式）　様相論理において，以下を満たすものおよび以下から生成されるものを様相論理における論理式（以下，単に論理式）という。
  (1)　0, 1, 論理変数はそれ以上分けることのできない原子論理式である。
  (2)　P が論理変数であれば，P は論理式である。
  (3)　P が論理式であれば，$\neg P$ は論理式である。
  (4)　P と Q が論理式であれば，$P \circ Q$ は論理式である。ここで $\circ$ は，$\vee$, $\wedge$, $\rightarrow$, $\leftrightarrow$ のいずれかを表す。
  (5)　P が論理式であれば，$\Box P$ は論理式である。
論理式の集合を $\mathcal{L}$ で表す。また，$\Diamond P$ を $\neg \Box \neg P$ の省略形として用いる。

ここで $\Box$ の説明をしよう。述語論理では，命題論理に「すべて」を意味する全称記号と「存在」を意味する存在記号という量化記号を加えることによって命題の内容を表現したが，厳密含意（様相論理）では，命題論理に加えて，**様相記号**（modal operator）と呼ばれる記号を用いる。様相記号は否定（$\neg$）と同様に最も優先順位が高い演算子の一つである。

$\Box$ は**必然性演算子**（necessity operator）と呼ばれる様相記号である。必然性演算子による以下の論理式

　　　$\Box P$

は，「P は必然的」，すなわち「すべての状況において P」を意味する[†]。

また，$\Box$ から派生した $\Diamond$ は**可能性演算子**（possibility operator）と呼ばれる演算子で，必然性演算子による以下の論理式

　　　$\Diamond P$

[†]　やや詳しくいうと，必然性には論理的必然性と因果的必然性がある。論理的必然性は様相論理で議論されているものだが，因果的必然性は原因と結果の間の関係である。本書でしばしば登場するラプラスは，因果的必然性に基づいた因果的決定論の提唱者であった。いわゆる「ラプラスの悪魔」である。

は，「P である可能性がある」，すなわち「ある状況において P」を意味する。

「P である可能性がある」は「P でないことが必然的ではない」と解釈されるので

$$\Diamond P = \neg \Box \neg P \tag{5.1}$$

は自然な定義といえる。同様に

$$\Box P = \neg \Diamond \neg P \tag{5.2}$$

の右辺は「P でない可能性はない」なので，左辺と等価になる。

述語論理では，命題論理に対して x という引き数を与えることにより，命題の成り立つ集合と成り立たない集合の区別を与えた。これは，命題論理にある種の空間的な広がりを持たせたことになるが，様相論理では，必然性演算子 $\Box$ や可能性演算子 $\Diamond$ で命題間の時間的なつながりを表現できる。例えば，「昨日は雷が鳴った」ことの必然性と「明日は雷が鳴るかもしれない」ことの可能性は様相論理によって記述可能となる。その意味で，述語論理と様相論理とは並立可能な概念となり，述語様相論理を考えることができるが，本書では述べない。

構文論としてはこれで終わりである。しかしこれだけでは，$\Box$ やそこから派生した $\Diamond$ の真偽がどうなるかわからない。実際，必然性演算子が満たすべき性質についてはさまざまな考え方があるが，ここでその詳細は述べず，代表的なものだけを取り上げることにする。以下，意味論でこれらの意味付けをしつつ，これらから生成される論理式の真偽について議論していくことにする。

5.2.2　様相論理の意味論

さて，様相論理では，上述のように必然性と可能性を議論することができる。ということは，必然性を「想定している世界のすべてで成り立つ」，可能性を「想定している世界の中で成り立つ世界がある」と考えれば，$\Box$ や $\Diamond$ はそれらを量化する記号とみることができる。そこで様相論理では，「想定している世界」，すなわち「到達可能な世界」という概念が重要になってくる。また，「到達可能

な世界」における到達可能性の範囲によって,さまざまな公理系を考えることができる。これは古典論理では扱うことのできない考えである。

では,様相論理の意味論に関する定義について述べよう。

定義 5.2 (様相論理の構造)　W を空でない集合とする。W の要素 $w \in W$ は**可能世界** (possible world) と呼ばれる。また,**付値関数** (valuation function) $v : W \times \mathcal{L} \to \{0, 1\}$ が以下を満たすとする[†]。

(1)　$v(w, \neg P) = 1 \iff v(w, P) = 0$

(2)　$v(w, P \wedge Q) = 1 \iff v(w, P) = 1$ かつ $v(w, Q) = 1$

(3)　$v(w, P \vee Q) = 1 \iff v(w, P) = 1$ または $v(w, Q) = 1$

(4)　$v(w, P \to Q) = 1 \iff v(w, P) = 0$ または $v(w, Q) = 1$

(5)　$v(w, \Box P) = 1 \iff$ すべての $w' \in W$ に対して $v(w, P) = 1$

$V = \{v(w, l) \mid w \in W, P \in \mathcal{L}\}$ としたとき,組 $S = (W, V)$ を**様相論理の構造** (structure of modal logic) という。

この構造を用いて,古典論理と同様の定義ができる。

定義 5.3 (恒真,論理的帰結)　$S = (W, V)$ を様相論理の構造とする。ある可能世界 $w \in W$ において $v(w, P) = 1$ が成り立つとき,P は**構造 S の可能世界 w で恒真**といい

$$S, w \models P$$

と書く。任意の可能世界 $w \in W$ において $v(w, P) = 1$ が成り立つとき,P は**構造 S で恒真**といい

$$S \models P$$

[†] "$\iff$" は「iff」,すなわち「if and only if」を表し,「〜のとき,そしてそのときのみ〜」という意味になる。簡単にいえば必要十分条件。

と書く。論理式 $P_1, \ldots, P_n, Q$ と任意の構造 S について，すべての P_i $(i = 1, \ldots, n)$ で，$S \models P_i$ が成り立つならば $S \models Q$ となるとき，Q は $P_1, \ldots, P_n$ の**論理的帰結**（logical consequence）であるといい

$$P_1, \ldots, P_n \models Q$$

と書く。

以上の定義より，任意の論理式 P と Q について，以下の性質が導かれる。

定理 5.1　(様相論理の恒真および論理的帰結の性質)
(1) $\models P$ ならば $\models \Box P$
(2) $\begin{cases} \Box P \models P \\ \Box P \models \Diamond P \quad \Box P \models \Box\Box P \end{cases}$
(3) $\begin{cases} P \models \Box \Diamond P \\ \Diamond P \models \Box \Diamond P \end{cases}$
(4) $\begin{cases} \neg \Box P \models \Diamond \neg P \\ \neg \Diamond P \models \Box \neg P \end{cases}$
(5) $\begin{cases} \Box(P \land Q) \models \Box P \land \Box Q \\ \Diamond(P \lor Q) \models \Diamond P \lor \Diamond Q \end{cases}$
(6) $\begin{cases} \Box(P \lor Q) \models \Box P \lor \Diamond Q \\ \Diamond(P \land Q) \models \Diamond P \land \Box Q \end{cases}$
(7) $\Box(P \to Q) \models \Box P \to \Box Q$

（1）厳密含意　では，実質含意の不自然さを解消するために提案された厳密含意について述べよう。**厳密含意**（strict implication）とは，先に導入

した必然性の概念を用いて含意を再定義するものであり，「P ならば Q」ではなく，「"P ならば Q" が必然的である」とされる．論理式で書くと

$$\Box(P \to Q)$$

である．$P \to \Box Q$ ではないことに注意しよう．以降，厳密含意を $\xrightarrow{\text{s.i.}}$ で表すことにする．

任意の論理式 P, Q, r に対して，厳密含意は以下の性質を満たす．論理的帰結 $\models$ より厳密含意 $\xrightarrow{\text{s.i.}}$ の方が優先順位が高いことに注意してほしい．

定理 5.2 (厳密含意の性質)

(1) $\models P \xrightarrow{\text{s.i.}} P$ （反射律）

(2) $\begin{cases} \models \Box P \xrightarrow{\text{s.i.}} (Q \xrightarrow{\text{s.i.}} P) \\ \models \neg \Diamond P \xrightarrow{\text{s.i.}} (P \xrightarrow{\text{s.i.}} Q) \end{cases}$

(3) $(P, P \xrightarrow{\text{s.i.}} Q) \models Q$

(4) $(P \xrightarrow{\text{s.i.}} Q, Q \xrightarrow{\text{s.i.}} R) \models P \xrightarrow{\text{s.i.}} R$ （三段論法）

(5) $P \xrightarrow{\text{s.i.}} Q \leftrightarrow \neg Q \xrightarrow{\text{s.i.}} \neg P$ （対偶）

(6) $\begin{cases} (P \xrightarrow{\text{s.i.}} Q, P \xrightarrow{\text{s.i.}} R) \models P \xrightarrow{\text{s.i.}} (Q \land R) \\ (P \xrightarrow{\text{s.i.}} R, Q \xrightarrow{\text{s.i.}} R) \models (P \lor Q) \xrightarrow{\text{s.i.}} R \end{cases}$

(7) $\begin{cases} \not\models \neg P \xrightarrow{\text{s.i.}} (P \xrightarrow{\text{s.i.}} Q) \\ \not\models Q \xrightarrow{\text{s.i.}} (P \xrightarrow{\text{s.i.}} Q) \end{cases}$

(8) $\begin{cases} \not\models (P \xrightarrow{\text{s.i.}} Q) \lor (Q \xrightarrow{\text{s.i.}} P) \\ \not\models (P \xrightarrow{\text{s.i.}} Q) \lor (Q \xrightarrow{\text{s.i.}} R) \end{cases}$

(9) $\not\models ((P \xrightarrow{\text{s.i.}} Q) \xrightarrow{\text{s.i.}} P) \xrightarrow{\text{s.i.}} P$

実質含意では $P \to Q = \neg P \lor Q$ が成り立つため，実質含意のパラドックスは「前件部 P が偽ならば後件部 Q の真偽に関わらず含意は論理的帰結となる」「後

件部 Q が真ならば前件部 P の真偽に関わらず含意は論理的帰結となる」だった．厳密含意の場合，(7) により，そのパラドックスは成り立たないことがわかる．ただし，(2) のように，「P が必然的であれば，任意の論理式 Q が真ならば P も真となる」という不自然に感じる性質もあるので，厳密含意が完全に人間の直観に合った自然な含意とはいえない．それは，人間の持つ「ならば」という含意があいまいなものであり，さまざまな意味を含んでいるからであろう．これらの意味をどのように定式化するかによって，様相論理にはさまざまな体系が存在する．それでは，様相論理のうち最も代表的なクリプキモデルについて，つぎで述べる．

5.3 クリプキ意味論

様相論理では，必然性（と可能性）の解釈の違いによりさまざまな意味論があり，それぞれに対応した公理系が存在するが，この雛形となるのが，クリプキが提案した**クリプキ意味論**（Kripke semantics）と呼ばれる意味論である．

5.3.1 クリプキフレームとクリプキモデル

定義 5.4 (クリプキ意味論)　W を空でない集合，R を W 上の二項関係，すなわち $R \subset W \times W$ とする．$(w, w') \in R$ を wRw' とも書く．そのとき，$F = (W, R)$ を**クリプキフレーム**（Kripke frame）という．クリプキフレームにおいて，W の要素 $w \in W$ を**可能世界**（possible world）や**状態**（state）といい，R を**到達可能関係**（accessibility relation）という．

クリプキフレーム $F = (W, R)$ において定義された付値関数 $v : W \times \mathcal{L} \to \{0, 1\}$ が以下を満たすとする．

(1)　$v(w, \neg P) = 1 \iff v(w, P) = 0$

(2)　$v(w, P \land Q) = 1 \iff v(w, P) = 1$ かつ $v(w, Q) = 1$

(3) $v(w, P \vee Q) = 1 \iff v(w, P) = 1$ または $v(w, Q) = 1$

(4) $v(w, P \to Q) = 1 \iff v(w, P) = 0$ または $v(w, Q) = 1$

(5) $v(w, \Box P) = 1 \iff wRw'$ を満たすすべての $w' \in W$ に対して $v(w, P) = 1$

$V = \{v(w, l) \mid w \in W, P \in \mathcal{L}\}$ としたとき，組 $M = (W, R, V)$ を**クリプキモデル**（Kripke model）という．

クリプキ意味論の重要な点は，到達可能性の概念を明示したところにある．前述の様相論理の構造においては，ある可能世界で成り立つことは，すべての可能世界で成り立った．すなわち，「"ある状況において P" であれば，すべての状況において "ある状況において P" が論理的帰結となる．」を意味する $\Diamond P \models \Box \Diamond P$ という性質からわかる．しかし，先に述べたように，様相論理の特徴は，「到達可能な世界」における到達可能性の範囲によって，さまざまな意味論と，それに対応する公理系を考えることができるところにある．そのため，クリプキ意味論を雛形とする様相論理では，ある可能世界で成り立つことでも別の可能世界で成り立つかどうかはわからない．実際，様相論理の構造で成り立つ性質のうち，(2) と (3) はクリプキ意味論では成り立たなくなる．

5.3.2 到達可能関係とクリプキモデルの性質

そこでクリプキモデルでは，二項関係 R を用いて到達可能性を表現しており，$(w, w') \in R$，つまり wRw' であることを「w から w' へ到達可能」と理解する．そのため，到達可能性は二項関係 R の性質によっていろいろ考えることができる．まず，一般的な二項関係の性質について定義しておこう．

定義 5.5 （二項関係） 集合 W と二項関係 $R \subset W \times W$ について

(1) 任意の $w \in X$ について wRw' となるような $w' \in W$ が存在するとき，**連鎖的**（serial）という．

(2) 任意の $w \in W$ について wRw が成り立つとき，**反射的**（reflexive）

(3) 任意の $w, w' \in W$ について wRw' ならば $w'Rw$ が成り立つとき，**対称的** (symmetric) という。

(4) 任意の $w, w', w'' \in X$ について wRw' かつ $w'Rw''$ ならば wRw'' が成り立つとき，**推移的** (transitive) という。

(5) 任意の $w, w', w'' \in X$ について wRw' かつ wRw'' ならば $w'Rw''$ かつ $w''Rw'$ が成り立つとき，**ユークリッド的** (Euclidean) という。

(6) 反射的, 対称的, かつ推移的な関係を**同値関係** (equivalence relation) という。

この二項関係の性質を到達可能関係に適用することにより，クリプキモデルに関する以下の性質が導かれる。

定理 5.3 (クリプキモデルの性質) $M = (W, V, R)$ をクリプキモデルとする。そのとき，到達可能関係 R の性質により，任意の論理式 P に対して以下が成り立つ。

(1) R が連鎖的 $\iff W \models \Box P \to \Diamond P$

(2) R が反射的 $\iff W \models \Box P \to P$

(3) R が対称的 $\iff W \models P \to \Box \Diamond P$

(4) R が推移的 $\iff W \models \Box P \to \Box \Box P$

(5) R がユークリッド的 $\iff W \models \Diamond P \to \Box \Diamond P$

$\Box$ と $\Diamond$ の関係である式 (5.1) と式 (5.2) は，ここでも成り立つことに注意しよう。

5.3.3 様相論理の体系

これらの到達可能関係 R によって，クリプキモデルに基づく様相論理は表 **5.2** のような体系として公理化されている。正確にいえば，例えば体系 **K** はク

表 5.2　クリプキモデルの体系の分類

R	成り立つ性質	体系
任意	$\Diamond P \leftrightarrow \neg \Box \neg P$ $W \models \Box(P \to Q) \to (\Box P \to \Box Q)$	K
連鎖的	$W \models \Box P \to \Diamond P$	D
反射的	$W \models \Box P \to P$	T
対称的	$W \models P \to \Box \Diamond P$	B
推移的	$W \models \Box P \to \Box \Box P$	4
ユークリッド的	$W \models \Diamond P \to \Box \Diamond P$	5

リプキモデルの定義を満たすすべての M の族であり，特定の M を指しているわけではない．

　様相論理の場合，クリプキモデルの雛形である体系 K はつねに用いられる．これに体系 D を用いるときには KD，さらに体系 5 を用いるときには KD5 などという．また，体系 KT4 を S4，体系 KT5 を S5 という．体系の間の関係として以下のような性質がある．

(1)　KT = KDT

(2)　KT4 = KDT4 = S4

(3)　KB4 = KB5

(4)　KT5 = KT45 = KDT45 = KDB4 = KDB5 = S5

特に重要と考えられている体系は KD, KT, KTB, S4, S5 である．

　　K – KD – KT – KTB – S5

　　K – KD – KT – S4 – S5

はともに，右に行くほど証明可能な定理，すなわち妥当な推論が多くなる．これはつぎの定理のようにまとめられる．

定理 5.4　(体系における推論の妥当性)

(1)　ある推論が K において妥当であれば KD においても妥当である．

(2)　ある推論が KD において妥当であれば KT においても妥当である．

(3)　ある推論が KT において妥当であれば KTB においても妥当である．

(4)　ある推論が KTB において妥当であれば S5 においても妥当である．

(5) ある推論が **KT** において妥当であれば **S4** においても妥当である。

(6) ある推論が **S4** において妥当であれば **S5** においても妥当である。

証明 証明は比較的容易にできる。(1) について考えよう。**K** はすべてのクリプキモデルの族なので，**KD** に属するクリプキモデルは **K** にも属すことになる。もしある推論に関して，**K** で反例がなければ，**KD** でも反例はないので，**K** において妥当であれば **KD** においても妥当であることがいえる。しかし逆に関して，**KD** で成り立つ $\Box P \to \Diamond P$ は，一般には **K** では成り立たない。よって証明できた。ほかについても同様に証明できる。 □

5.3.4 様相記号の意味付けとさまざまな様相論理

5.2.1 項では $\Box P$ を「P は必然的」「すべての状況において P」と考えたが，先に述べたように，「必然性演算子が満たすべき性質にはさまざまな考え方がある」。そこで，様相記号の意味の違いによる論理についていくつか述べる。

（1）内包論理 まず，代表的なものは $\Box P$ を「P は必然的」の解釈するもので，**内包論理**（intensional logic）といわれ，ライプニッツによって提唱された。ライプニッツによれば，$\Box P$ は「P は起こり得る世界（可能世界）の至る所で成り立つ」と解釈される。また，$\Diamond P$ は「P は起こり得る世界（可能世界）のどこかで成り立つ」とみなされる。これは本書で採ってきた解釈である。公理系として **K** を用いる。

（2）時相論理 $\Box P$ を「P はいつも真である」と，$\Diamond P$ を「P はいずれ真となる」と解釈するのが**時相論理**（temporal logic）である。ただし，「いつも」が過去・現在・未来のどこを指しているかによって，先に述べた体系における性質の成立・不成立に大きく影響する。いま，クリプキモデル $M = (W, R, V)$ について体系 **T**, **4**, **5** の体系を考えたとき

(1) 「いつも」が「過去から未来までのいつも」を指すとき，体系 **T**, **4**, **5** は成り立つ。すなわち，公理系として **S5** を使う。

(2) 「いつも」が「現在から未来までのいつも」を指すとき，体系 **T** と **4** は成り立つが

$$W \not\models \Diamond P \to \Box \Diamond P$$

すなわち，体系 5 は成り立たないので，公理系は体系 **S4** となる。

(3)「いつも」が「未来はいつも」を指すとき，体系 4 は成り立つが

$$W \not\models \Box P \to P$$

$$W \not\models \Diamond P \to \Box \Diamond P$$

すなわち，体系 **T** と 5 は成り立たないので，公理系は体系 4 である。

（3）信念論理 $\Box P$ を「P を信じている」と，$\Diamond$ を「信念と P が矛盾しない」と解釈するのが**信念論理**（logic of belief）で，公理系として体系 **KD45** を用いる。そのとき

(1) $\Box P \to \Box\Box P$ を**正の内省**（positive introspection）という。

(2) $\neg\Box P \to \Box\neg\Box P$ を**負の内省**（negative introspection）という。

（4）知識論理 $\Box P$ を「P を知っている」と，$\Diamond$ を「知識と P が矛盾しない」と解釈するのが**知識論理**（logic of knowledge）である。公理系として体系 **S5** を用いる。

（5）義務論理 $\Box P$ を「P である義務がある」「P であるべきだ」と，$\Diamond P$ を「P であることは許される」「P でもよい」と解釈する論理を**義務論理**（deontic logic）という。体系 **D** を公理系とするので，**D** の $\Box P \to \Diamond P$ である「P である義務があるなら P であることは許される」は成り立つが，**T** の $\Box P \to P$ である「P である義務があるなら P である」は，一般には成り立たない。すなわち

$$W \not\models \Box P \to P$$

である。

（6）証明可能性論理 $\Box P$ が「P は証明可能である」と解釈されるのが**証明可能性論理**（provability logic）で

$$\Box(\Box P \to P) \to \Box P$$

を体系 K と併せ考えることによって公理化される。これは **GL** と呼ばれる。体系 **GL** を使うと，ゲーデルの第二不完全性定理「無矛盾であれば，それ自体の無矛盾性を証明できない」は $\neg\Box\bot \to \neg\Box\neg\Box\bot$ と表すことができる。

章末問題

【1】 恒真および論理的帰結の性質に関する定理 5.1 を証明せよ。
【2】 厳密含意の性質に関する定理 5.2 を証明せよ。
【3】 論理式 $\Box P \to P$ が恒真となるようなクリプキモデルを示せ。
【4】 論理式 $\Box P \to \Diamond P$ が偽となるようなクリプキモデルを示せ。
【5】 定理 5.3 を証明せよ。
【6】 定理 5.4 を証明せよ。

6 ファジィ論理

実質含意のパラドックスを解決する中で理論体系化された様相論理に対して，矛盾律の否定から始まったのがウカシェビッツの三値論理だが，その考え方をさらに進め，真理値を三値から $[0,1]$ の閉区間の値，さらには数値のみならず言語での表現にまで拡張したのがファジィ論理である。

ファジィ論理は他の論理とは異なり，**ファジィ集合**（fuzzy set）という，要素がその集合に含まれるか含まれないかがあいまいな集合に基づいて構成されている。このファジィ集合は，「少し」や「とても」といった人間の主観を計算機上で扱うために，ザデーによって 1965 年に文献 8) の中で提案された概念で，ファジィ集合に基づいた理論全般を**ファジィ理論**（fuzzy theory）という。そこで，まずファジィ集合について述べてからファジィ論理について説明しよう。

6.1 ファジィ集合

6.1.1 ファジィ集合の定義

通常の集合の定義は 3 章で述べたが，ある全体集合 X の要素 x が集合 A に含まれているとき $x \in A$ と書き，そうでないときを $x \notin A$ と書いた。通常の集合ではそれ以外の状況は考えていない。つまり，x は A に含まれるか含まれないかのどちらかである。これを関数 χ を使って書くと

$$\chi_A(x) = \begin{cases} 1 & (x \in A) \\ 0 & (x \notin A) \end{cases}$$

と表すことができる。この関数を集合論における**特性関数**（characteristic function）という。x が A に含まれるとき 1，含まれないとき 0 を返す関数と思えばよい。

これに対して，x が A に「含まれる」「含まれない」以外の状況も扱おうというのがファジィ集合である。「含まれる」を 1，「含まれない」を 0 で表すのなら，0 と 1 の間の値で，「含まれる度合い」を表すことは自然であろう。そこでファジィ集合では，$\{0,1\}$ の 2 値を取る特性関数に対して，$[0,1]$ の中の値を取る関数を使って「x が A に含まれる度合い」を表す。では，ファジィ集合を定義しよう。

定義 6.1 （ファジィ集合） 全体集合 X 上の**ファジィ集合**（fuzzy set）A とは，以下のような関数

$$\mu_A : X \to [0,1]$$

によって特性付けられる集合である。$\mu_A(x) = 1$ は「x は A に完全に含まれる」ことを意味し，$\mu_A(x) = 0$ は「x は A に完全に含まれない」ことを意味する。μ_A をファジィ集合 A の**メンバーシップ関数**（membership function）という。また，μ_A の値を**メンバーシップのグレード**（membership grade）や**尤度**（likelihood）という。

ファジィ集合論では，通常の集合はファジィ集合の特別な場合として定義されるが，区別するためにしばしば**クリスプ集合**（crisp set）と呼ばれる。

特に注意してほしいのだが，上述のように含まれる度合いを数値で表現するのがファジィ集合なので，「要素 x がファジィ集合 A に含まれる」という表現はナンセンスとなる。そのため，通常の集合論の記述である $x \in A$ も使うことができない。そこでファジィ集合では，A をファジィ集合とした時点で，そのメンバーシップ関数 μ_A は存在するものとし，「x is A」という表記により，「要素 x がファジィ集合 A に含まれる度合いを議論している」と解釈する。

ファジィ集合のメンバーシップ関数の決め方は定められていない。というのも，「若い人」の集合を考えたとき，何歳が若いのかは人によって異なるからである。図 **6.1** に「若い人」の集合の例を示したが，人それぞれの「若い人」の集合があるだろう。別の見方をすれば，ファジィ集合は人の感覚の違い，つまり主観を反映させることができるといえる。

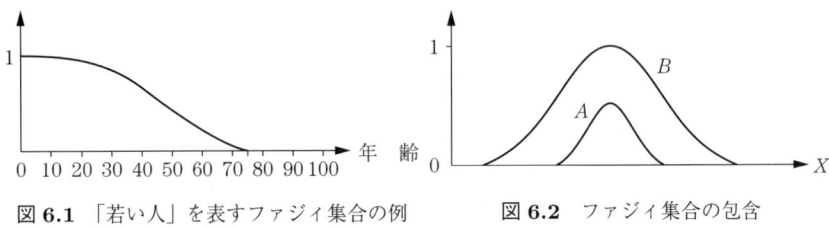

図 6.1 「若い人」を表すファジィ集合の例

図 6.2 ファジィ集合の包含

ファジィ集合どうしの関係は，メンバーシップ関数を用いて定義される。
まず，二つのファジィ集合 A と B の包含関係は

$$A \subset B \leftrightarrow \mu_A(x) \leq \mu_B(x) \quad (\forall x \in X)$$

である（図 **6.2** 参照）。
また，二つのファジィ集合 A と B が等しいとき

$$A = B \leftrightarrow \mu_A(x) = \mu_B(x) \quad (\forall x \in X)$$

と定義される。

6.1.2　ファジィ集合の演算と直積

（**1**）　**ファジィ集合の演算の定義**　　ファジィ集合も通常の集合と同様の演算が定義される。ただし，ファジィ集合の場合には「含まれる」「含まれない」という概念が存在せず，その度合いをメンバーシップ関数で表現するので，ファジィ集合の演算もメンバーシップ関数を用いて定められる。ただし，ファジィ集合の演算は，演算子の取り方で何通りもあることに注意してほしい。ここでは，最も基本な演算である**論理和** (logical sum) "max" と**論理積** (logical product)

6.1 ファジィ集合

"min" を使った定義について述べよう。

ところで，この 6 章では誤解のない場合，二項演算子 $\vee$ を max，$\wedge$ を min としても用いるので，注意しておいてほしい。例えば論理において，命題 P と Q に対しては，$\max\{P, Q\}$ という表記は意味をなさないので，$P \vee Q$ は連言のことになり，一方，メンバーシップ関数 μ_A と μ_B に対しては，これらは命題ではないので $\mu_A(x) \vee \mu_B(x)$ は連言の意味とはならず，$\max\{\mu_A(x), \mu_B(x)\}$ のことになる。$\vee$ と $\wedge$ が何に対して作用しているか，考えながら読んでほしい。

まず，全体集合 X と空集合 ϕ はつぎのメンバーシップ関数で特性付けられる。

$$\mu_X(x) = 1 \quad (\forall x \in X)$$
$$\mu_\phi(x) = 0 \quad (\forall x \in X)$$

二つのファジィ集合 A と B が，それぞれ μ_A と μ_B というメンバーシップ関数で特性付けられているとしよう。

つぎのメンバーシップ関数で特性付けられる集合 $A \cup B$ を A と B との**和集合**（union, sum）や**結合**（join）という（**図 6.3** 参照）。

$$\mu_{A \cup B}(x) = \max\{\mu_A(x), \mu_B(x)\} = \mu_A(x) \vee \mu_B(x)$$

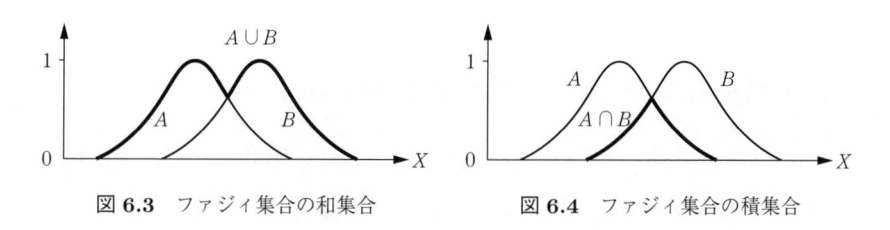

図 6.3 ファジィ集合の和集合 図 6.4 ファジィ集合の積集合

つぎのメンバーシップ関数で特性付けられる集合 $A \cap B$ を A と B の**積集合，共通集合，交わり**（intersection）などという（**図 6.4** 参照）。

$$\mu_{A \cap B}(x) = \min\{\mu_A(x), \mu_B(x)\} = \mu_A(x) \wedge \mu_B(x)$$

つぎのメンバーシップ関数で特性付けられる集合 A^c を A の**補集合** (complement) という (図 **6.5** 参照)。

$$\mu_{A^c}(x) = 1 - \mu_A(x)$$

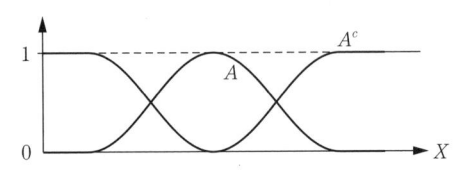

図 6.5 ファジィ集合の補集合

∩ と ∪ に関しては，論理積・論理和以外にも，以下のような演算子が用いられる。

(1) **限界和** (bounded sum) "$\oplus$" と**限界積** (bounded product) "$\odot$"

$$A \oplus B \leftrightarrow \mu_{A \oplus B}(x) = (\mu_A(x) + \mu_B(x)) \wedge 1$$

$$A \odot B \leftrightarrow \mu_{A \odot B}(x) = (\mu_A(x) + \mu_B(x) - 1) \vee 0$$

(2) **代数和** (algebraic sum) "$+$" と**代数積** (algebraic product) "$\cdot$"

$$A + B \leftrightarrow \mu_{A+B}(x) = \mu_A(x) + \mu_B(x) - \mu_A(x) \cdot \mu_B(x)$$

$$A \cdot B \leftrightarrow \mu_{A \cdot B}(x) = \mu_A(x) \cdot \mu_B(x)$$

(3) **激烈和** (drastic sum) "$\veebar$" と**激烈積** (drastic product) "$\barwedge$"

$$A \veebar B \leftrightarrow \mu_{A \veebar B}(x) = \begin{cases} \mu_A(x) & (\mu_B(x) = 0) \\ \mu_B(x) & (\mu_A(x) = 0) \\ 1 & \text{(otherwise)} \end{cases}$$

$$A \barwedge B \leftrightarrow \mu_{A \barwedge B}(x) = \begin{cases} \mu_A(x) & (\mu_B(x) = 1) \\ \mu_B(x) & (\mu_A(x) = 1) \\ 0 & \text{(otherwise)} \end{cases}$$

これらの演算子の間には，以下のような関係がある。

論理和 $\leqq$ 代数和 $\leqq$ 限界和 $\leqq$ 激烈和

論理積 $\geqq$ 代数積 $\geqq$ 限界積 $\geqq$ 激烈積

（**2**）**ファジィ集合の直積**　3章で，二つの集合の直積を定義した．ファジィ集合論でも，二つのファジィ集合 A と B の直積を考えることができる．A を X 上のファジィ集合，B を Y 上のファジィ集合とすると，A と B の**直積**（direct product）$A \times B$ は，以下のメンバーシップ関数で特性付けられる $X \times Y$ 上のファジィ集合となる．

$$\mu_{A \times B}(x, y) = \mu_A(x) \wedge \mu_B(y) \quad (x \in X,\ y \in Y)$$

通常のクリスプ集合 C と D の直積が $C \times D = \{(x, y) \mid x \in C \wedge y \in D\}$ だったことを思い出すと，これはクリスプ集合を特性付ける特性関数を用いて

$$\chi_{C \times D}(x, y) = \chi_C(x) \wedge \chi_D(y) \quad (x \in X,\ y \in Y)$$

と表すことができるので，ファジィ集合の直積はクリスプ集合の直積の自然な拡張となっていることがわかる．

6.1.3　ファジィ集合の基本的性質

ファジィ集合の場合，通常の集合と同様に成り立つ性質と，ファジィ集合では成り立たない性質がある．X を全体集合とし，A, B, C を X 上のファジィ集合としよう．証明は省略するが，メンバーシップ関数を用いて確認できる．

定理 6.1　（ファジィ集合の性質）

(1) $\begin{cases} A \cup A = A \\ A \cap A = A \end{cases}$ 　　　　　　　　　　　　（べき等律）

(2) $\begin{cases} A \cup B = B \cup A \\ A \cap B = B \cap A \end{cases}$ 　　　　　　　　　　　　（交換律）

(3) $\begin{cases} (A \cup B) \cup C = A \cup (B \cup C) \\ (A \cap B) \cap C = A \cap (B \cap C) \end{cases}$ （結合律）

(4) $\begin{cases} (A \cup B) \cap C = (A \cap C) \cup (B \cap C) \\ (A \cap B) \cup C = (A \cup C) \cap (B \cup C) \end{cases}$ （分配律）

(5) $X^c = \phi, \quad \phi^c = X$

(6) $(A^c)^c = A$ （二重否定）

(7) $\begin{cases} (A \cup B)^c = A^c \cap B^c \\ (A \cap B)^c = A^c \cup B^c \end{cases}$ （ド・モルガンの法則）

(8) $\begin{cases} A \cap (A \cup B) = A \\ A \cup (A \cap B) = A \end{cases}$ （吸収律）

(9) $\begin{cases} A \cup \phi = A, \quad A \cap \phi = \phi \\ A \cup X = X, \quad A \cap X = A \end{cases}$

(10) $A \subset A$ （反射律）

(11) $(A \subset B) \wedge (B \subset C) \to A \subset C$ （推移律）

(12) $A \subset B \leftrightarrow A^c \supset B^c$

(13) $A \subset B \to (A \cup B = B) \wedge (A \cap B = A)$

(14) $(A \times B) \times C = A \times (B \times C) = A \times B \times C$

(15) $\begin{cases} A \cup A^c \neq X \quad \text{（排中律の不成立）} \\ A \cap A^c \neq \phi \quad \text{（矛盾律の不成立）} \end{cases}$ （相補律の不成立）

相補律が成り立たないため，ファジィ集合は分配束は成すが，ブール束を成さない。これはファジィ集合の大きな特徴である。

6.1.4 ファジィ関係

ファジィ関係は二つの要素の間のあいまいな関係を記述するものだが，ファ

ジィ論理においてきわめて重要な役割を果たす。

(1) ファジィ関係の定義 いま，つぎのような整数の集合 X と Y があるとしよう。

$X = \{2, 5, 8\}$

$Y = \{2, 4, 6, 8\}$

「$x \in X$ と $y \in Y$ は等しい」という関係を考えたとき，この関係は「成り立つ」か「成り立たない」かの二つしかないので，「成り立つ」を 1，「成り立たない」を 0 で表現するとすれば，**表 6.1** となる。この関係は，X と Y の直積上で定義されたクリスプ集合とみなすことができる。

表 6.1 「$x \in X$ と $y \in Y$ は等しい」を表す関係の例

	2	4	6	8
2	1.0	0.0	0.0	0.0
5	0.0	0.0	0.0	0.0
8	0.0	0.0	0.0	1.0

表 6.2 「$x \in X$ と $y \in Y$ はほぼ等しい」を表す関係の例

	2	4	6	8
2	1.0	0.8	0.6	0.4
5	0.7	0.9	0.9	0.7
8	0.4	0.6	0.8	1.0

しかし，「ほぼ」という言語的にあいまいな表現を関係に取り入れ，「$x \in X$ と $y \in Y$ はほぼ等しい」という関係を考えたとき，この関係を，「成り立つ」を意味する 1 から「成り立たない」を意味する 0 の間で表現するとすれば，例えば**表 6.2** のような数値を考えることができる。このように，異なるモノの間のあいまいな関係の度合いを数値で表現したものが**ファジィ関係**（fuzzy relation）であり，この例からわかるように，通常の関係と対比して，ファジィ関係は X と Y の直積上で定義されたファジィ集合とみなすことができる。

定義 6.2（ファジィ関係） 二つの集合 X と Y の間のファジィ関係 R とは，以下のようなメンバーシップ関数 μ_R

$\mu_R : X \times Y \to [0, 1]$

で特性付けられたファジィ集合である。また，ファジィ関係ではない通常

の関係 S は,以下のような特性関数 χ_S

$$\chi_S : X \times Y \to \{0, 1\}$$

で特性付けられたクリスプ集合である。

X も Y も有限集合の場合,$X = \{x_1, \ldots, x_n\}$,$Y = \{y_1, \ldots, y_m\}$ とすると,x_i と y_j のファジィ関係は $\mu_R(x_i, y_j)$ で表すことができるので

$$R = \begin{pmatrix} \mu_R(x_1, y_1) & \cdots & \mu_R(x_1, y_m) \\ \vdots & \ddots & \vdots \\ \mu_R(x_n, y_1) & \cdots & \mu_R(x_n, y_m) \end{pmatrix} \tag{6.1}$$

のような行列で表現することができる。この書き方はファジィ関係の合成で重要になる。

(2) クリスプ集合に対するファジィ関係 ところで,二つの要素 $x \in X$ と $y \in Y$ の間の,ファジィ関係ではない通常の関係 S について,ある x について考えると,その x について関係 S が成り立つ y の集合を対応付けることができる。このような y の集合を S_x で表すと

$$S_x = \{y \in Y \mid S(x, y) = 1\}$$

となる。もし,x がクリスプ集合 A の要素であれば,「クリスプ集合 A に対して関係 S が成り立っている Y の部分集合」として

$$S_A = \bigcup_{x \in A} S_x$$

を考えることができる。これを特性関数の観点から考えてみよう。A はクリスプ集合なので,A は以下の特性関数

$$\chi_A(x) = \begin{cases} 1 & (x \in A) \\ 0 & (x \notin A) \end{cases}$$

によって特性付けられている。$\cup$ の解釈として $\vee$,交わりとして $\wedge$ を選び,S_x

が Y 上のクリスプ集合になることに留意すると，S_x を特性付ける特性関数 χ_{S_x} と $y \in Y$ に対して

$$S_A = \bigcup_{x \in A} S_x \leftrightarrow \chi_{S_A}(y) = \bigvee_{x \in A} \chi_{S_x}(y) = \bigvee_{x \in A} (1 \wedge \chi_{S_x}(y))$$
$$= \bigvee_{x \in X} (\chi_A(x) \wedge \chi_{S_x}(y))$$
$$= \bigvee_{x \in X} (\chi_A(x) \wedge \chi_S(x,y))$$

となる。∪ や交わりの解釈として別の演算を取ることもできることに注意しよう。

では，R がファジィ関係の場合はどうなるかを，特性関数ではなく，メンバーシップ関数によって考えてみる。この場合，R_x は Y 上のファジィ集合になるので，R_x を特性付けるメンバーシップ関数 μ_{R_x} を χ_{S_x} の代わりに用いて

$$R_A = \bigcup_{x \in A} R_x \leftrightarrow \mu_{R_A}(y) = \bigvee_{x \in X} (\chi_A(x) \wedge \mu_R(x,y)) \tag{6.2}$$

を導くことができる。これは，「クリスプ集合 A の各要素に対してファジィ関係 R が成り立っている Y 上のファジィ集合」を意味している。

前出の「$x \in X$ と $y \in Y$ はほぼ等しい」の例だと

$R_2 = (1.0, 0.8, 0.6, 0.4)$

$R_5 = (0.7, 0.9, 0.9, 0.7)$

$R_{10} = (0.4, 0.6, 0.8, 1.0)$

なので，$A = \{2, 5\}$ に対して

$$\mu_{R_A}(2) = \bigvee_{x \in X} (\chi_A(x) \wedge \mu_R(x,2))$$
$$= (\chi_A(2) \wedge \mu_R(2,2)) \vee (\chi_A(5) \wedge \mu_R(5,2))$$
$$= 1.0 \vee 0.8 = 1.0$$

$$\mu_{R_A}(4) = 0.8 \vee 0.9 = 0.9$$
$$\mu_{R_A}(6) = 0.6 \vee 0.9 = 0.9$$
$$\mu_{R_A}(8) = 0.4 \vee 0.7 = 0.7$$

つまり，集合 $A = \{1, 5\}$ の各要素に対して「$x \in X$ と $y \in Y$ はほぼ等しい」というファジィ関係が成り立っている Y 上のファジィ集合は $R_A = (1.0, 0.9, 0.9, 0.7)$ で与えられる．このファジィ集合は例えば「約 2」と解釈できるので，「集合 $\{1, 5\}$ にほぼ等しい数は約 2」と結論できる．

（3）**ファジィ集合に対するファジィ関係** ファジィ集合に対するファジィ関係は，クリスプ集合に対するファジィ関係において，クリスプ集合をファジィ集合に代えればよい．つまり，式 (6.2) において，特性関数 χ_A の代わりに，ファジィ集合 A のメンバーシップ関数 μ_A とすることによって，ファジィ集合 A に対するファジィ関係 R_A を定めることができる．

$$\mu_{R_A}(y) = \bigvee_{x \in X} (\mu_A(x) \wedge \mu_R(x, y)) \tag{6.3}$$

これは，クリスプ集合に対する通常の関係の，ファジィ集合への自然な拡張となっている．ここでも，$\vee$ や $\wedge$ の代わりに代数積・代数和などの他の演算を取ることができる．

（4）**ファジィ関係の合成** 二つのファジィ関係「y は x とほぼ等しい．」と「z は x よりやや大きい．」を考えたとき，そこから「z は y よりやや大きい．」と帰結することは自然である．そこで，ファジィ関係がファジィ集合の一種であることを考慮すると，ファジィ集合に対するファジィ関係式 (6.3) を用いて，二つのファジィ関係の合成を定めることができる．

定義 6.3 （ファジィ関係の合成） $X \times Y$ 上で定義されたファジィ関係 R と，$Z \times X$ 上で定義されたファジィ関係 Q の合成 $Q \circ R$ は，以下のメンバーシップ関数 $\mu_{Q \circ R} : Z \times Y \to [0, 1]$ で特性付けられる $Z \times Y$ 上のファジィ集合である．

が Y 上のクリスプ集合になることに留意すると，S_x を特性付ける特性関数 χ_{S_x} と $y \in Y$ に対して

$$S_A = \bigcup_{x \in A} S_x \leftrightarrow \chi_{S_A}(y) = \bigvee_{x \in A} \chi_{S_x}(y) = \bigvee_{x \in A} (1 \wedge \chi_{S_x}(y))$$
$$= \bigvee_{x \in X} (\chi_A(x) \wedge \chi_{S_x}(y))$$
$$= \bigvee_{x \in X} (\chi_A(x) \wedge \chi_S(x, y))$$

となる。∪ や交わりの解釈として別の演算を取ることもできることに注意しよう。

では，R がファジィ関係の場合はどうなるかを，特性関数ではなく，メンバーシップ関数によって考えてみる。この場合，R_x は Y 上のファジィ集合になるので，R_x を特性付けるメンバーシップ関数 μ_{R_x} を χ_{S_x} の代わりに用いて

$$R_A = \bigcup_{x \in A} R_x \leftrightarrow \mu_{R_A}(y) = \bigvee_{x \in X} (\chi_A(x) \wedge \mu_R(x, y)) \tag{6.2}$$

を導くことができる。これは，「クリスプ集合 A の各要素に対してファジィ関係 R が成り立っている Y 上のファジィ集合」を意味している。

前出の「$x \in X$ と $y \in Y$ はほぼ等しい」の例だと

$$R_2 = (1.0, 0.8, 0.6, 0.4)$$
$$R_5 = (0.7, 0.9, 0.9, 0.7)$$
$$R_{10} = (0.4, 0.6, 0.8, 1.0)$$

なので，$A = \{2, 5\}$ に対して

$$\mu_{R_A}(2) = \bigvee_{x \in X} (\chi_A(x) \wedge \mu_R(x, 2))$$
$$= (\chi_A(2) \wedge \mu_R(2, 2)) \vee (\chi_A(5) \wedge \mu_R(5, 2))$$
$$= 1.0 \vee 0.8 = 1.0$$

$$\mu_{R_A}(4) = 0.8 \vee 0.9 = 0.9$$

$$\mu_{R_A}(6) = 0.6 \vee 0.9 = 0.9$$

$$\mu_{R_A}(8) = 0.4 \vee 0.7 = 0.7$$

つまり，集合 $A = \{1, 5\}$ の各要素に対して「$x \in X$ と $y \in Y$ はほぼ等しい」というファジィ関係が成り立っている Y 上のファジィ集合は $R_A = (1.0, 0.9, 0.9, 0.7)$ で与えられる．このファジィ集合は例えば「約 2」と解釈できるので，「集合 $\{1, 5\}$ にほぼ等しい数は約 2」と結論できる．

（**3**）**ファジィ集合に対するファジィ関係** ファジィ集合に対するファジィ関係は，クリスプ集合に対するファジィ関係において，クリスプ集合をファジィ集合に代えればよい．つまり，式 (6.2) において，特性関数 χ_A の代わりに，ファジィ集合 A のメンバーシップ関数 μ_A とすることによって，ファジィ集合 A に対するファジィ関係 R_A を定めることができる．

$$\mu_{R_A}(y) = \bigvee_{x \in X} (\mu_A(x) \wedge \mu_R(x, y)) \tag{6.3}$$

これは，クリスプ集合に対する通常の関係の，ファジィ集合への自然な拡張となっている．ここでも，$\vee$ や $\wedge$ の代わりに代数積・代数和などの他の演算を取ることができる．

（**4**）**ファジィ関係の合成** 二つのファジィ関係「y は x とほぼ等しい．」と「z は x よりやや大きい．」を考えたとき，そこから「z は y よりやや大きい．」と帰結することは自然である．そこで，ファジィ関係がファジィ集合の一種であることを考慮すると，ファジィ集合に対するファジィ関係式 (6.3) を用いて，二つのファジィ関係の合成を定めることができる．

定義 6.3 （ファジィ関係の合成） $X \times Y$ 上で定義されたファジィ関係 R と，$Z \times X$ 上で定義されたファジィ関係 Q の合成 $Q \circ R$ は，以下のメンバーシップ関数 $\mu_{Q \circ R} : Z \times Y \to [0, 1]$ で特性付けられる $Z \times Y$ 上のファジィ集合である．

$$\mu_{Q \circ R}(z, y) = \bigvee_{x \in X} (\mu_Q(z, x) \wedge \mu_R(x, y)) \qquad (6.4)$$

例えば，前出の表 6.2 で示した $X \times Y$ 上で定義されたファジィ関係「$x \in X$ と $y \in Y$ はほぼ等しい」(このファジィ関係を R とする) に加えて

$$Z = \{8, 9\}$$

と X との直積 $Z \times X$ 上で定義されたファジィ関係「$z \in Z$ は $x \in X$ よりやや大きい」を考えることにしよう．このファジィ関係を Q とし，表 6.3 で与えられるとする．

表 6.3 「$z \in Z$ は $x \in X$ よりやや大きい」を表す関係の例

	2	5	8
8	0.6	0.3	0.0
9	0.7	0.4	0.1

ファジィ関係 R と Q を式 (6.1) に従って行列表現すれば，ファジィ関係の合成 $Q \circ R$ は

$$Q \circ R = \begin{pmatrix} 0.6 & 0.3 & 0.0 \\ 0.7 & 0.4 & 0.1 \end{pmatrix} \circ \begin{pmatrix} 1.0 & 0.8 & 0.6 & 0.4 \\ 0.7 & 0.9 & 0.9 & 0.7 \\ 0.4 & 0.6 & 0.8 & 1.0 \end{pmatrix} \qquad (6.5)$$

となる．式 (6.5) は通常の行列の積とよく似ているが，式 (6.4) から，通常の行列の積における要素の積を $\wedge$ に，和を $\vee$ に代えて計算する．例えば

$$\mu_{Q \circ R}(8, 2) = (0.6 \wedge 1.0) \vee (0.3 \wedge 0.7) \vee (0.0 \wedge 0.4) = 0.6$$

であり

$$Q \circ R = \begin{pmatrix} 0.6 & 0.6 & 0.6 & 0.4 \\ 0.7 & 0.7 & 0.6 & 0.4 \end{pmatrix}$$

が得られる．これは，$Z = \{8, 9\}$ と $Y = \{2, 4, 6, 8\}$ のファジィ関係「$z \in Z$ は $y \in Y$ よりやや大きい」と解釈できる．

ファジィ集合を表す行列どうしの演算として，ここでは $\vee$ と $\wedge$ を使ったが，別の演算子を使うこともできる．

6.1.5 拡張原理

ここでは，ファジィ集合の重要な演算の一つである**拡張原理** (extention principle) について説明する。

ある写像 $f: X \to Y$ について，定義域 X にファジィ集合 A が定義されていたとき，f による A の像 $f(A)$ も A と関係のあるファジィ集合になると考えるのが妥当だが，拡張原理は，そのファジィ集合の計算方法を与える。

基本的な考えは

$y \in Y$ のメンバーシップのグレードは，$y = f(x)$ となるすべての
$x \in X$ のメンバーシップのグレードの最大値で与えられる。

ということになる。もし，$y = f(x)$ となる x が存在しない場合は，y のメンバーシップのグレードは 0 となる。これを式で表現すると

$$\mu_{f(A)}(y) = \begin{cases} \bigvee_{x \in f^{-1}(y)} \mu_A(x) & (y \in f(X)) \\ 0 & (y \notin f(X)) \end{cases}$$

となる。簡単な例を図 **6.6** に示しておく。

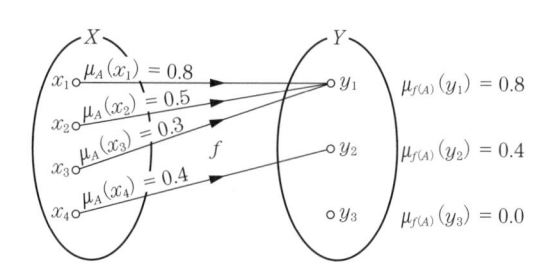

図 6.6 拡張原理の例

6.2 ファジィ論理

ファジィ論理は，命題に言語的な意味でのあいまいさを含むファジィ命題を対象とした論理である。それらのあいまいさは，命題が成り立つかどうかのもっ

6.2 ファジィ論理

ともらしさを表す真理値に直接影響する．あいまいさはファジィ集合論によって表現されているので，命題のもっともらしさもファジィ集合論をベースにして議論されることになる．

ファジィ論理は以下のような特徴を持つ．

(1) 命題の真理値として，0 と 1 の 2 値だけではなく，区間 $[0, 1]$ のすべての値を許している． （真理値の多値性）

(2) 命題の真理値を，区間 $[0, 1]$ の中の数値による真理値だけではなく，「ほとんど真」「やや真」などの，あいまいさを含んだ言語による真理値で表す．このあいまいさはファジィ集合で表現される．

（言語的真理値の導入）

(3) ファジィ命題から新たなファジィを推論によって導き出す．

（ファジィ推論）

6.2.1 ファジィ命題

ファジィ論理で扱うファジィ命題は，他の論理と違い，命題に言語によるあいまいさが含まれている．例えば

(1) $P =$「x は 10 に近い数である．」
(2) $Q =$「t は高い温度である．」

の二つの命題では，命題 Q には「近い」が，命題 Q には「高い」が言語によるあいまいさとなっている．このようなあいまいさはファジィ集合で表現することが可能で，例えば，「10 に近い数」を図 **6.7** のようなメンバーシップ関数 $\mu_A : \mathbb{R} \to [0, 1]$ で特性付けられるファジィ集合 A で表せば，ファジィ命題 P は「x is A.」となるし，「高い温度」を図 **6.8** のようなメンバーシップ関数 $\mu_B :$ 温度の集合 $\to [0, 1]$ で特性付けられるファジィ集合 B で表せば，ファジィ命題 Q は「t is B.」となる．

そこで命題論理と同様に，ファジィ論理における要素命題 P は，ファジィ集合 A を用いることにより

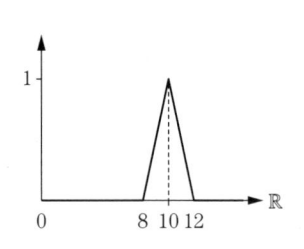

図 6.7　「10 に近い数」を表す
ファジィ集合の例

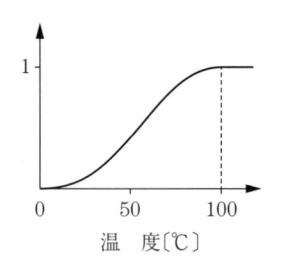

図 6.8　「高い温度」を表す
ファジィ集合の例

$$p = \lceil x \text{ is } A.\rfloor$$

という形をとることにしよう。そこで本書では，P を**ファジィ命題変数**（fuzzy propositional variable）ということにする。

　では，命題論理と同様に，命題間の演算について定義する。ただし，ファジィ命題の場合は，命題論理と違い，ファジィ命題変数が多値となるので，真理値表を作ることができないことに注意しよう。

（1）否　　定　　ファジィ命題 $p = \lceil x \text{ is } A.\rfloor$ の否定 $\neg P$ は，以下のファジィ命題となる。

$$\neg P = \lceil x \text{ is not } A.\rfloor$$
$$= \lceil x \text{ is } A^c.\rfloor$$

ここで，A^c はファジィ集合 A の補集合なので，メンバーシップ関数は

$$\mu_{A^c}(x) = 1 - \mu_A(x)$$

となる。

（2）連　　言　　二つのファジィ命題 $p = \lceil x \text{ is } A.\rfloor$ と $q = \lceil y \text{ is } B.\rfloor$ があったとき，先に挙げた例のように，x と y の属する全体集合が異なることが多い。その場合，この二つのファジィ命題の連言はファジィ関係 R を使って

$$P \vee Q = \lceil \text{``}x \text{ is } A\text{''} \text{ or } \text{``}y \text{ is } B\text{''}.\rfloor$$
$$= \lceil (x, y) \text{ is } R_{A \cup B}.\rfloor$$

となる。$R_{A\cup B}$ は，二つのファジィ集合 A と B とのファジィ関係「x が A または y が B」を表す。$\vee$ をファジィ集合の演算における $\cup$，すなわち max と解釈すると，そのメンバーシップ関数は

$$\mu_{R_{A\cup B}}(x,y) = \mu_A(x) \vee \mu_B(y)$$

となる。もし，二つのファジィ命題が同じ x について言及しているもの，つまり，$p=$「x is A.」と $q=$「x is B.」であれば

$$P \vee Q = \lceil \text{``}x \text{ is } A\text{''} \text{ or } \text{``}x \text{ is } B\text{''}.\rfloor$$
$$= \lceil x \text{ is ``}A \text{ or } B\text{''}.\rfloor$$

となるので，このファジィ関係はつぎのメンバーシップ関数

$$\mu_{A\cup B}(x) = \mu_A(x) \vee \mu_B(x)$$

で表される。ファジィ集合における $\cup$ の演算を max 以外にも解釈できたように，連言でも別の演算子を取ることができる。

（3）選　言　選言は連言の「または」を「かつ」に，「or」を「and」に，$\vee$ を $\wedge$ に，$\cup$ を $\cap$ に置き直せばよい。すなわち，二つのファジィ命題 $p=$「x is A.」と $q=$「y is B.」について，この二つのファジィ命題の選言はファジィ関係 R を使って

$$P \wedge Q = \lceil \text{``}x \text{ is } A\text{''} \text{ and } \text{``}y \text{ is } B\text{''}.\rfloor$$
$$= \lceil (x,y) \text{ is } R_{A\cap B}.\rfloor$$

となる。$R_{A\cap B}$ は，二つのファジィ集合 A と B とのファジィ関係「x が A かつ y が B」を表す。$\wedge$ をファジィ集合の演算における $\cap$，すなわち min と解釈すると，そのメンバーシップ関数は

$$\mu_{R_{A\cap B}}(x,y) = \mu_A(x) \wedge \mu_B(y)$$

となる。もし，二つのファジィ命題が同じ x について言及しているもの，つま

り，$p = $「$x$ is A.」と $q = $「$x$ is B.」であれば

$$P \wedge Q = \text{「"}x \text{ is } A\text{" and "}x \text{ is } B\text{".」}$$
$$= \text{「}x \text{ is "}A \text{ and } B\text{".」}$$

となるので，つぎのメンバーシップ関数

$$\mu_{A \cap B}(x) = \mu_A(x) \wedge \mu_B(x)$$

で表される．ファジィ集合における $\cap$ の演算を min 以外にも解釈できたように，連言と同じく，選言でも別の演算子を取ることができる．

（4） **ファジィ含意**　二つのファジィ命題 $p = $「$x$ is A.」と $q = $「$y$ is B.」があったとき，ファジィ論理における含意であるファジィ含意「$P \to Q$」はつぎのように解釈される．

$$P \to Q = \text{「If } P \text{ then } Q\text{.」}$$
$$= \text{「If } x \text{ is } A \text{ then } y \text{ is } B\text{.」}$$
$$= \text{「}(x, y) \text{ is } R_{P \to Q}\text{.」}$$

P を**前件部** (antecedent part)，Q を**後件部** (consequent part) と呼ぶ．$R_{P \to Q}$ は，ファジィ含意 $P \to Q$ に関する $X \times Y$ 上のファジィ関係を表すファジィ集合を意味するが，問題は $R_{P \to Q}$ の作り方になる．ファジィ含意は通常の 2 値の含意と異なり，0 と 1 の間の値をとるが，P や Q，$P \to Q$ の真偽の度合いをどう解釈するかによって，その値の計算の仕方が異なってくる．代表的な 5 種類の方法を示しておく．

(1) $\mu_{R_{P \to Q}}(x, y) = (1 - \mu_A(x)) \vee (\mu_A(x) \wedge \mu_B(y))$

$\qquad\qquad\qquad\qquad\qquad (P \to Q = \neg P \vee (P \wedge Q)$ に基づく$)$

(2) $\mu_{R_{P \to Q}}(x, y) = \begin{cases} 1 & (\mu_A(x) \leq \mu_B(y)) \\ 0 & (\mu_A(x) > \mu_B(y)) \end{cases}$ （レッシャーに基づく）

(3) $\mu_{R_{P \to Q}}(x, y) = \begin{cases} 1 & (\mu_A(x) \leq \mu_B(y)) \\ \mu_B(y) & (\mu_A(x) > \mu_B(y)) \end{cases}$ （ゲーデルに基づく）

(4) $\mu_{R_{P\to Q}}(x,y) = 1 \wedge (1 - \mu_A(x) + \mu_B(y))$　（ウカシェヴィッツに基づく）

(5) $\mu_{R_{P\to Q}}(x,y) = \mu_A(x) \wedge \mu_B(y)) = A \times B$　　　（マムダニに基づく）

（5）同　値　二つのファジィ命題 $p = $「$x$ is A.」と $q = $「$y$ is B.」について，$A = B$ が成り立つとき，「P と Q は同値である」と意味付けされ，「$A \leftrightarrow B$」と表される。この場合は，当然 A も B も同じ全体集合上で定義されていなければならない。

6.2.2 ファジィ真理値

ファジィ命題の真理値は**ファジィ真理値**（fuzzy truth value）と呼ばれる。ファジィ真理値には，**数値的真理値**（numerical truth value）と**言語的真理値**（linguistic truth value）がある。

（1）数値的真理値　ファジィ命題に $[0,1]$ の間の値を対応させて，その命題のもっともらしさを表現するのが数値的真理値である。当然，1 に近いほどもっともらしさは大きく，0 に近いほどもっともらしさは小さい。

ファジィ論理における要素命題 $p = $「$x$ is A.」の数値的真理値を $v(P)$ で表すと

$$0 \leq v(P) \leq 1$$

$v(P)$ は x の関数となっているので，x がわかっている場合には

$$v(P) = v(\text{「}x \text{ is } A.\text{」}) = \mu_A(x)$$

と考えるのが妥当であろう。一方，「彼は 40 歳くらいである」「今日の気温は高い」というように，x 自体がわからない場合には，判断する側の主観で数値的真理値を決めるしかない。

つぎに，ファジィ論理における複合命題の数値的真理値について述べよう。要素命題 $p = $「$x$ is A.」と $q = $「$y$ is B.」に対して，一般に，否定・連言・選言・含意はそれぞれ

(1)　$v(\neg P) = 1 - v(P)$　　　　　　　　　　　　　（否定）（negation）

(2)　$v(P \vee Q) = v(P) \vee v(Q)$　　　　　　　　　（連言）(conjunction)

(3)　$v(P \wedge Q) = v(P) \wedge v(Q)$　　　　　　　　　（選言）(disjunction)

(4)　$v(P \rightarrow Q) = v(\neg P) \vee (v(P) \wedge v(Q))$　　（含意）(implication)

となる．含意に関しては，これ以外にも，6.2.1項で示したようにいろいろ提案されている．

（2）言語的真理値　　数値的真理値で，「x 自体がわからない場合には，判断する側の主観で数値的真理値を決めるしかない」と述べたが，「彼は40歳くらいである」というファジィ命題に対して 0.7 といった特定の数値を定めるよりは，「0.7 くらい」といったり，さらに「だいたい正しい」というように，数値ではなく言語的に記述した方が適切な場合も多い．そのように，ファジィ命題の真理値を言語で表現したものを**言語的真理値**という．t をそのような言語とすると，言語的真理値 t は

$$\mu_t : [0.1] \rightarrow [0, 1]$$

で表されるメンバーシップ関数によって特性付けられたファジィ集合となっている．$\mathcal{T} = \{t\}$ を言語的真理値の集合とすると，$\mathcal{T}$ は，例えば

$$\mathcal{T} = \{\, 真, ほぼ真, やや真, 不明, やや偽, ほぼ偽, 偽 \,\}$$

というように，有限集合を想定する場合が多い．

この言語的真理値を使うと，ファジィ命題 P は「P is t.」と表現される．$p =$「x is A.」とすると，この表現は，「"x is A" is t.」となる．

つぎに，ファジィ論理における複合命題における言語的真理値について述べる．これは，数値的真理値を拡張することによって考えることができる．

いま，要素命題 $p =$「x is A.」の言語的真理値を $l(P)$ で表すことにしよう．

$$\ulcorner P \text{ is } t. \urcorner \leftrightarrow l(P) = t$$

である．すると，要素命題 $p =$「x is A.」と $q =$「y is B.」に対して，否定・連言・選言・含意はそれぞれ

(1)　$l(\neg P) = 1 - l(P)$　　　　　　　　　　　　　（否定）(negation)

(2) $l(P \lor Q) = l(P) \lor l(Q)$ （連言）(conjunction)
(3) $l(P \land Q) = l(P) \land l(Q)$ （選言）(disjunction)
(4) $l(P \to Q) = l(\neg P) \lor (l(P) \land l(Q))$ （含意）(implication)

となる．含意に関しては，数値的真理値と同じく，これ以外にも 6.2.1 項で示したようにいろいろ提案されている．

$l(P)$ はファジィ集合なので，問題は上式右辺をどのように計算するかだが，これは，6.1.5 項で説明した拡張原理を使って，つぎのように計算できる．

(1) $\mu_{l(\neg P)}(z) = \mu_{l(P)}(1-z)$ （否定）

(2) $\mu_{l(P \lor Q)}(z) = \bigvee_{u \lor w = z} (\mu_{l(P)}(u) \land \mu_{l(Q)}(w))$ （連言）

(3) $\mu_{l(P \land Q)}(z) = \bigvee_{u \land w = z} (\mu_{l(P)}(u) \land \mu_{l(Q)}(w))$ （選言）

(4) $\mu_{l(P \to Q)}(z) = \bigvee_{(1-u) \lor (u \land w) = z} (\mu_{l(P)}(u) \land \mu_{l(Q)}(w))$ （含意）

6.2.3 ファジィ推論

通常の論理における推論は 2.3 節で定義したように，前提となる複数の命題から結論となる新たな命題を導くことだったが，**ファジィ推論**（fuzzy inference）も同様である．

定義 6.4（ファジィ推論）　ファジィ論理において，ファジィ推論とは，**規則**（rule）となる複数のファジィ含意 $P_i \to Q_i$ $(i=1,\ldots,n)$ と**事実**（fact）となる一つのファジィ命題 P' から**結論**（result）となる新たなファジィ命題 Q' を導くことであり，以下のように記述される．

$$
\begin{array}{ll}
\text{Rule 1:} & P_1 \to Q_1 \\
\quad \vdots & \quad \vdots \\
\text{Rule } n: & P_n \to Q_n \\
\text{Fact:} & P' \\
\hline
\text{Result:} & Q'
\end{array}
$$

6. ファジィ論理

ここで

$$P_i = \lceil x \text{ is } A_i. \rfloor \quad Q_i = \lceil y \text{ is } B_i. \rfloor$$

$$P_i \to Q_i = \lceil \text{If } x \text{ is } A_i \text{ then } y \text{ is } B_i. \rfloor \quad (i=1,\ldots,n)$$

$$P' = \lceil x \text{ is } A_{\text{fact}}. \rfloor \quad Q' = \lceil y \text{ is } B_{\text{result}}. \rfloor$$

とすると，ファジィ推論は

Rule 1:	If	x is A_i	then	y is B_i.
Rule n:	If	x is A_n	then	y is B_n.
Fact:		x is A_{fact}.		
Result:				y is B_{result}.

となる。

2.2.5項で述べたように，通常の推論では，P と $P \to Q$ から Q を導き出すことを**モーダスポネンス**（modus ponens）といった。ファジィ推論も同じ形を取っているので，モーダスポネンスによる推論となる。しかし，通常の推論におけるモーダスポネンスでは，P' は含意の前件部 P と同一であることが要請され，それ以外は取らない。また，P から含意の後件部である Q を導き出すのみで，Q 以外の命題は想定されていない。しかし，人間が行う多くの推論では，例えば，「速度が大きければブレーキ力を強くする」という規則に対して与えられる事実が「速度が少し大きい」のように，規則として $P \to Q$ があっても，事実とされる命題 P' は P とは異なる場合が多い。そのような事実に対する結論 Q' は，規則の後件部である Q とは当然異なってくるだろう。そのような結論を計算するプロセスがファジィ推論である。すなわち，ファジィ推論は，規則にも事実にもない新たな命題を導き出すという点で，通常の推論と大きく異なる。

さて，ファジィ推論における計算プロセスには，数値的真理値に基づく直接

法と，言語的真理値に基づく間接法があるが，ここではおもに，制御などの分野で多く用いられている直接法について述べることにしよう。

（1）直接法　直接法によるファジィ推論はつぎのようになる。

(1) **個々の規則の計算**：それぞれの規則 $P_i \to Q_i$ はファジィ含意で表現されているので，そのファジィ含意を表すファジィ関係 $R_{P_i \to Q_i}$ は 6.2.1 項で述べた演算で計算される。

(2) **すべての規則の合成によるファジィ関係の計算**：すべての規則をまとめて一つの規則にする。

すなわち，$R_{P_i \to Q_i}$ を合成して，$R_{P \to Q}$ なるファジィ関係を計算する。

$$R_{P \to Q} = R_{P_1 \to Q_1} \circ \cdots \circ R_{P_n \to Q_n}$$

得られたファジィ関係もファジィ命題の一つを意味していることに注意しよう。問題は，すべての規則を結ぶ演算 ∘ をどう解釈するかということになる。つまり，規則すべてを連言で結ぶと解釈するか，選言で結ぶと解釈するかである。連言で結ぶと解釈した場合

$$P \to Q = (P_1 \to Q_1) \vee \cdots \vee (P_n \to Q_n)$$

なので，ファジィ関係がファジィ集合の一つであることを考え，∨ を ∪ と対応させると

$$R_{P \to Q} = \bigcup_{i=1}^{n} R_{P_i \to Q_i}$$

となり，選言で結ぶと解釈した場合

$$P \to Q = (P_1 \to Q_1) \wedge \cdots \wedge (P_n \to Q_n)$$

なので，∧ を ∩ と対応させると

$$R_{P \to Q} = \bigcap_{i=1}^{n} R_{P_i \to Q_i}$$

となる．連言と選言のどちらが正しいということではなく，解釈や使い方の違いによる．また，∪や∩の演算として 6.1.2 項で述べたようにいくつか提案されており，これもどれが正しいということはない．

(3) **ファジィ関係と事実の合成による結論の計算**：ファジィ関係 $R_{P \to Q}$ と事実に対応するファジィ集合 A_{fact} を合成して，結論に対応するファジィ集合 B_{result} を導く．これは，6.1.4 項の式 (6.3) によって得ることができる．

では，つぎのような例で見ていくことにしよう．まず，$X = \{x_i \mid i = 1, \ldots, 4\} = \{0, 2, 4, 6\}$, $Y = \{y_j \mid j = 1, \ldots, 4\} = \{5, 10, 15, 20\}$ とし

(1) 規則 1：$P_1 \to Q_1 = $「$x$ が小さければ y は大きい．」
(2) 規則 2：$P_2 \to Q_2 = $「$x$ が大きければ y は小さい．」

という二つの規則を考える．規則 1 の「x は小さい」を表すファジィ集合 A_1，規則 2 の「x は大きい」を表すファジィ集合 A_2 をそれぞれ

$$A_1 = \{\mu_{A_1}(x_i) \mid i = 1, \ldots, 4\} = \{1.0, 0.7, 0.3, 0.0\}$$
$$A_2 = \{\mu_{A_2}(x_i) \mid i = 1, \ldots, 4\} = \{0.0, 0.3, 0.7, 1.0\}$$

とし，規則 1 の「y は大きい」を表すファジィ集合 B_1，規則 2 の「y は小さい」を表すファジィ集合 A_2 をそれぞれ

$$B_1 = \{\mu_{B_1}(y_j) \mid j = 1, \ldots, 4\} = \{0.0, 0.2, 0.8, 1.0\}$$
$$B_2 = \{\mu_{B_2}(y_j) \mid j = 1, \ldots, 4\} = \{1.0, 0.8, 0.2, 0.0\}$$

としよう．事実として $P' = $「$x$ はとても小さい」を考え，「とても小さい」を表すファジィ集合が

$$A_{\text{fact}} = \{\mu_{A_{\text{fact}}}(x_i) \mid i = 1, \ldots, 4\} = \{1.0, 0.3, 0.1, 0.0\}$$

で与えられたとき，どのような結論が導き出されるか，すなわち，結論 Q' を表すファジィ集合 B がどのように計算されるかを見ていく．

(1) **個々の規則の計算**：ここでは $P \to Q = \neg P \vee (P \wedge Q)$ に基づく含意に

ついて計算しよう。例えば, $x = 2$ と $y = 10$ について, $\mu_{A_1}(2) = 0.7$, $\mu_{B_1}(10) = 0.2$ だから

$$\mu_{R_{P_1 \to Q_1}}(2, 10) = (1 - \mu_{A_1}(2)) \vee (\mu_{A_1}(2) \wedge \mu_{B_1}(10))$$
$$= (1 - 0.7) \vee (0.7 \wedge 0.2) = 0.3$$

同様にして

$$R_{P_1 \to Q_1} = \left(\mu_{R_{P_1 \to Q_1}}(x_i, y_i)\right) = \begin{pmatrix} 0.0 & 0.2 & 0.8 & 1.0 \\ 0.3 & 0.3 & 0.7 & 0.7 \\ 0.7 & 0.7 & 0.7 & 0.7 \\ 1.0 & 1.0 & 1.0 & 1.0 \end{pmatrix}$$

$$R_{P_2 \to Q_2} = \left(\mu_{R_{P_2 \to Q_2}}(x_i, y_i)\right) = \begin{pmatrix} 1.0 & 1.0 & 1.0 & 1.0 \\ 0.7 & 0.7 & 0.7 & 0.7 \\ 0.7 & 0.7 & 0.3 & 0.3 \\ 1.0 & 0.8 & 0.2 & 0.0 \end{pmatrix}$$

(2) すべての規則の合成によるファジィ関係の計算：ここでは個々の規則を選言で結ぶと解釈し, $\wedge$ を $\cap$ に対応することにする。すると

$$R_{P \to Q} = R_{P_1 \to Q_1} \cap R_{P_2 \to Q_2}$$
$$= \begin{pmatrix} 0.0 & 0.2 & 0.8 & 1.0 \\ 0.3 & 0.3 & 0.7 & 0.7 \\ 0.7 & 0.7 & 0.7 & 0.7 \\ 1.0 & 1.0 & 1.0 & 1.0 \end{pmatrix} \cap \begin{pmatrix} 1.0 & 1.0 & 1.0 & 1.0 \\ 0.7 & 0.7 & 0.7 & 0.7 \\ 0.7 & 0.7 & 0.3 & 0.3 \\ 1.0 & 0.8 & 0.2 & 0.0 \end{pmatrix}$$
$$= \begin{pmatrix} 0.0 & 0.2 & 0.8 & 1.0 \\ 0.3 & 0.3 & 0.7 & 0.7 \\ 0.7 & 0.7 & 0.3 & 0.3 \\ 1.0 & 0.8 & 0.2 & 0.0 \end{pmatrix}$$

(3) ファジィ関係と事実の合成による結論の計算：式 (6.3) によって計算す

る。例えば，$y = 10$ について

$$\mu_B(10) = \bigvee_{x \in X} (\mu_{A_{\text{fact}}}(x) \wedge \mu_{R_{P \to Q}}(x, 10))$$
$$= (1.0 \wedge 0.2) \vee (0.3 \wedge 0.3) \vee (0.1 \wedge 0.7) \vee (0.0 \wedge 0.8)$$
$$= 0.3$$

同様にして

$$B_{\text{result}} = A_{\text{fact}} \circ R_{P \to Q}$$
$$= (1.0, 0.3, 0.1, 0.0) \circ \begin{pmatrix} 0.0 & 0.2 & 0.8 & 1.0 \\ 0.3 & 0.3 & 0.7 & 0.7 \\ 0.7 & 0.7 & 0.3 & 0.3 \\ 1.0 & 0.8 & 0.2 & 0.0 \end{pmatrix}$$
$$= (0.3, 0.3, 0.8, 1.0)$$

を得る。ここで ∘ は，通常の行列の演算における積と和に代えて，∧ と ∨ にした演算を意味する。こうして得られたものが，$Q' = $「$y$ はとても大きい」に対応するファジィ集合 B_{result} となる。

(2) 間 接 法 間接法によるファジィ推論は，直接法より手順が煩雑である。基本的な手順は以下のとおりとなる。

(1) 規則 $P \to Q$ の前件部 P に事実 P' を適用して，P の言語的真理値 $l(P)$ を求める。

(2) 規則の言語的真理値 $l(P \to Q)$ と $l(P)$ から後件部 Q の言語的真理値 $l(Q)$ を求める。

(3) $l(Q)$ と後件部 Q から Q' を求める。

間接法によるファジィ推論は，言語的真理値 t の集合 $\mathcal{T} = \{t\}$ の選び方によって，さまざまな結果を導くことができるが，実は直接法と大きく変わるわけではない。また，計算もかなり煩雑になるので，ファジィ推論を基にした制御（ファジィ制御）をはじめとするアプリケーションでは，もっぱら直接法が多く用い

られる。本書でも，間接法についてはこれ以上述べない。興味のある読者は巻末の文献などを当たられたい。

章 末 問 題

【1】 ファジィ集合の基本的性質に関する定理6.1を，メンバーシップ関数を用いて証明せよ。
【2】 ファジィ集合が相補律を満たさないことは，ファジィ含意にどのような影響を与えるか。
【3】 ファジィ推論において，連続的なメンバーシップ関数を使ったときの推論過程を示せ。
【4】 ファジィ推論において，さまざまな演算で結果がどう変わるか試してみよ。

── 第III部【生起のあいまいさ】──

7 確率論への序章

　ここからは確率論について述べる。確率論に関する文献はそれこそ星の数ほどあり，大家による著書や良書といわれるものも数多出版されている。そこで，次章以降では若干見方を変えて，確率論のたどった歴史をやや詳細に見ていきながら説明を加えていくことにし，ここでは，確率の持つ二つの側面について述べてみたい。

7.1　確率論における二つの側面

　歴史の流れの中で見ると，確率が理論体系化されてからまださほど時間がたっていない。確率が確率論になるまでを確率論黎明期とすれば，確率論の歴史は，確率論黎明期を経て，数学的確率から頻度確率を経て公理主義的確率に至る**客観確率**（objective probability）の流れと，ベイズの定理を端緒として顕在化していく**主観確率**（subjective probability）の流れに分化する。実際，客観確率と主観確率の対立はアリストテレスの頃からあったが，それを明示したのはベルヌーイであり，それはベイズがベイズの定理の理論的考察を始めた時期と重なる。現在主流になっている確率は公理主義的確率に代表される客観確率であり，数学的確率から公理主義的確率への発展は，確率の枠の中に無限の概念を取り込んでいく試みと考えることができる。

　そうすると，確率論は二つの側面から考えるべきだろう。一つは「確率とは何か」という哲学的問いかけに対するアプローチ，もう一つは，有限から無限への変遷である。

7.2 哲学的問いかけ

まず，確率に対する哲学的で本質的な疑問である．確率とはいったい何なのか？ これに対する答えはいまだ出ていない．確かに，コルモゴロフにより，公理系としての確率は一つの頂点を極め，重要な数学的成果も数多出ている．しかし，測度論を基にした公理系のみが確率なのか，という問いかけはいまでも続いている．確率と同等の概念が最初に議論の俎上に乗ったのは何と紀元前の話である．それから2000年以上がたっているにも関わらず，確率が数学的に進化し出したのは，パスカルとフェルマーによる1654年頃まで待たなければならなかった．その後，確率を事象の頻度の度合いをきっかけとして，コルモゴロフの公理主義的確率に至る客観確率の流れとは別に，確率を信念の度合いとして人間の主観を反映させる主観確率の流れが，ベイズの定理をきっかけとしてラプラスらによって考察され，ラムゼイやデ・フィネッティらによって1930年代に顕在化している．また，客観確率も，コルモゴロフによる公理主義的確率のみならず，フォン・ミーゼスによる頻度主義やポパーによる傾向性解釈など，さまざまな概念に基づく確率が出ている．なぜこれだけ確率には多様性があるのだろうか？

それは，確率の本質が「予測」だからであろう．つまり，統計的手法であろうが主観であろうが，いかなる方法でもかまわないから，不明な対象に対する「いったいどうなるのか」「いったい何なのか」という疑問をどうにかして払拭したい，そういう人間の根源的要求にほかならない．しかし，対象が定まっていない限り，それを測定する手法も定まりようがない．どんなに妥当と思われる手法を持ち出してきても，未来でなければ定まらない，蓋を開けてみなければわからない，そういう対象物を完全に予測するような道具のあるはずはないからである．

近年，人間の認知に対する理解が進むにつれ，その本質は非加法性と呼ばれる性質にあるのではないかと考えられるようになってきている．コルモゴロフ

までの確率の要は加法性と呼ばれる性質にある。考えてみればこれはある意味自然な要求であり，最も基本的な状況である「起こる」「起こらない」しかない状況において，もしその二つを加えて 0.9 になるとしたら，残りの 0.1 に対応すべき状況は非常に考えにくい。しかし，この加法性を否定するところに人間の認知があるとすれば，人間の認知を反映させた主観確率が非加法性に基づいて構成されたとしても不思議ではない。実際，この加法性を否定した確率論が盛んに議論されるようになっている。これについて，本書の最後に触れる。

確率の哲学的側面についてより詳しく知りたい読者には，文献 9) を薦めたい。

7.3 有限から無限へ

つぎに，有限から無限への変遷について述べよう。3.2 節でも少し触れたが，数学の歴史は無限をどのように御していくか，その試みの歴史ともいえる。確率論もその例に漏れない。黎明期から数学的確率までは，有限回の試行だけを考えればよい議論だったが，それでは説明が不十分だったり，論理的破綻が出てきたため，頻度確率で無限を扱う試みがなされた。頻度確率自体はその不合理性ゆえに理論的発展はしなかったが，最終的に公理主義的確率において，確率を測度の一つとして公理から定義することにより，確率は無限を取り込むことに成功したといえる。そのため，公理主義的確率の説明では，収束をはじめとした無限の概念が必要となるが，無限を取り込んだ体系では，直感的に成り立ちそうなことでもそうでないことが多く，議論が抽象的にならざるを得ない。それが，公理主義的確率の理解を妨げている最大の要因だろう。読者は，そのことに注意しながら理解を進めていってほしい。

7.4 確率論を理解するためのキーワード

以上のように，確率の歴史には，確率を事象の相対頻度とするか，個人の信念と捉えるかという，異なった考え方の対立と，有限から無限への対象の変化

7.4 確率論を理解するためのキーワード

の，二つの流れがあるように見える．そう考えると，どうやら確率論を理解するためのキーワードは，（頻度–信念）と（有限–無限）にあり，最初に述べた二つの側面はこれらのキーワードに収斂（しゅうれん）される．そこで本書では，この二つのキーワードの組を意識しつつ，確率論の歴史を振り返るところから始めよう．確率は哲学との結び付きの強い領域を扱う数学であり，そのために，さまざまな強固な理論体系が構築されているにも関わらず，いまだ「確率とは何か」に対する答えが出ていない分野である．本書で示した公理主義的確率は現在主流となっているものだが，それがすべてではなく，1人ひとりにまったく違う確率があるであろうことを心に留めておいてほしい．

最後になるが，他の数学と異なり，確率論の黎明期からラプラスが数学的確率を定義するまでの150年間，確率論に関する基本的定義や用語が明確にされないまま議論されてきたことは興味深い．確率論の定義や用語については，歴史の流れに従って述べていくことにする．例えば，標本空間という用語についても，数学的確率における定義と，公理主義的確率における定義とではかなり違う．その違いはひとえに，先に述べた無限の扱いにほかならない．ただし，読者の理解や煩雑さを防ぐため，基本的な用語については直感に合った使い方をしていることがある．例えば，本章では読者の理解のために確率という単語を普通に使うが，確率論黎明期では「確率」に対する明確な概念が存在せず，「確からしさ」「可能性」などで確率に相当する概念を表現していたことに注意していただきたい．

確率論の歴史をたどりながらそのつど定義や定理を示していくが，現在の確率論における重要な定義や公理は，公理主義的確率の基盤を必要としている．そのため，本書において説明に割く量は，公理主義的確率が最も大きくなることを承知していただきたい．

8 確率論黎明期

パスカルとフェルマーが往復書簡を交わし始めた後の確率論の歴史については よく知られているが，その前史についてはまだ不明な点が多い．確率論黎明期は，パスカルとフェルマーの往復書簡の前後によって大きく変わる．確率の歴史については，それだけで1冊の本となる内容を持つ．文献 10) は思想的背景も詳細に記述してある良書なので，一読を勧めたい．また，文献 11) は確率論の歴史を平易に書いてあり，読みやすい．

8.1 パスカルとフェルマーの往復書簡まで

8.1.1 確率論の発展の阻害要因

確率論がコルモゴロフによって，いまある形にまとめられたのは 1933 年のことだから，そんなに前の話ではないが，人々がそれを意識的に扱っていたかどうかに関わらず，確率自体の成り立ちはかなり古いことが想像できる．われわれの習慣に基づく行為のほとんどは，「これまでこうで，いまこうだから，これからもこうであろう」という無意識の確信の下に成立しており，この「過去の経験と現在の状態から，未来の出来事や未知の対象に対する確信を得る」ことこそが確率の概念の本質だからである．

ただし，この無意識の確信が意識的な認識対象となったのは，現代につながる数学が整備された近世である．近世に至るまで確率論の対象とする蓋然性を科学の対象とすることが，なぜ妨げられてきたのかの明確な解答は見つかっていないが，以下のような複合的な要因が重なったと思われる．

(1) 科学としての偶然性の否定

アリストテレスが科学における偶性の概念を否定してから，偶然性は哲学と宗教の中だけで論じられるようになった．また，紀元後に広まったキリスト教においては，賭けやクジは禁止とされ，科学として議論できる状況になかった．

(2) 記法の問題

組合せの数の計算は，対象が増えると膨大になる．そのためには，数字を能率的に表現できる記法が重要となるが，西洋でしばらく使われていたローマ数字は，ゼロを表す文字がない，記法が煩雑などで，インド・アラビア数字が使われるようになる 14 世紀から 15 世紀まで，複雑な計算は難しかった．

(3) 確率の概念の二元性

古くはアリストテレスの指摘にあったが，17 世紀頃からベルヌーイらによって，可能性や相対頻度としての確率と，信念の度合いとしての確率の両面性が顕在化するようになった．後者は宗教の中で議論されていたため，特に前者の立場を取る数学者たちにとって，この両面性を融合することには大きなためらいがあったに違いない．ド・モアブルが前者の立場によって，二項分布の近似が正規分布であることを導くまで，確率は数学的発展を遂げることはなかった．

その後，確率が発展した理由についても，さまざまな意見があり，どれが正しいという明確な論拠はない．宗教的束縛からの脱却やインド・アラビア数字の普及もあっただろうし，ほかに西洋諸国の世界への進出という要因も考えられる．14 世紀に西洋諸国が通商を求めて世界へ進出するに従い，金融取引や保険の考えが必要となってきたが，折しも頻発するペストの発生に伴って死亡率や平均余命の概念が重要視されるようになり，それが確率の発展を促されていったという考えである．しかし，そのどれも十分な説得力に欠ける．最も大きい理由として考えられているのは，確率の持つ二元性，相対頻度としての確率と信念としての確率への考察の深化であろう．後に前者は客観確率，後者は主観

確率と呼ばれるようになる。

8.1.2　パスカルとフェルマーの往復書簡までの歴史

確率論にとってのエポックメイキングはパスカルとフェルマーが往復書簡で行った，ド・メレからの問題に対する議論であろう。往復書簡以前と以降とで，確率論の歴史はまったく変わっていく。彼らの往復書簡に関しての詳細を知りたい読者には，文献 12) を薦めておく。

では，それまでの確率論における哲学的な動きがどうなっていたのかを簡単に見ていこう。「数理の本ではないのか」との叱責を受けそうだが，数学の他分野と違い，確率論は哲学と不可分の領域であるため，思想的歴史を簡単に振り返ることは確率が何なのかを見極めていく上で大きな意味があると思われる。

確率について最初に触れた学者はアリストテレスとみなされている。彼は 1.1 節で述べたように，確率の概念を含む偶性の科学を完全に否定している。西洋最大の哲学者の 1 人であり「万学の祖」アリストテレスの影響は非常に大きかったに違いない。その彼が，確率の科学を全否定したことは，前述のように確率論の発展を大きく阻害する要因となった。その後，確率の議論は科学ではなく，宗教の中で論じられることになるが，これは，確率に言及している人々が聖職者であることからも見て取れる。

キリスト教が西洋で広く信じられるようになってから，西洋の哲学や文化もキリスト教の影響を強く受けるようになった。そのような状況下で特に大きな影響を与えたのはアウグスティヌスである。彼は，キリスト教世界において最も大きな影響力を持っていた神学者であり，彼の思想は現代においても西洋思想全体に及んでいるが，彼は「すべては神の摂理に従う」(神国論) ので，「その原因は至るところにある神の手により操作されるものであり，その意味でランダムなものは何もないし，チャンスなるものも存在しない」(83 の問題集) と考え，17 世紀まで確率がほとんど議論されない原因を作った。

その後，西洋では確率論が科学として議論させることはほとんどなくなる。世界で最初に確率の問題を数学的に提示したパチョーリは修道僧であったため，

賭けの問題をそれとわからず，バッラという弓技の得点問題に例えるしかなかったし，カルダーノは著書の中で，直接カードやサイコロの問題を扱ったことが一因で宗教裁判にかけられている．

このような状況を変えたのが，スコラ学派の泰斗であるトマス・アクィナスであった．トマス・アクィナスは著書「神学大全」の中で，「非必然的なものにあっても，その普遍的必然的な特性は知性によって認識される」と述べている．彼のいう知性とは，倫理学と自然学に基づいているので，偶然性は倫理学と自然学とが扱う範疇ということを意味する．また，トマス・アクィナスは確率の概念についても持っていたようで，原因から必然的に起こる事象と非必然的な事象を分けて考え，特に原因からしてほとんど起こらない事象は「知識されることのまったくないもの」であり，それは偶然によるものと運不運によるものの二つに分けられるとした．トマス・アクィナスの偶然の概念はいまのものとは違うだろうが，偶然が科学で扱えることを示唆したことはたいへん大きい．当時のキリスト教神学を牽引（けんいん）していたトマス・アクィナスのこの考えは，これまで顧みられてこなかった偶然性に対する考え方に転換をもたらし，これにより，確率が科学の俎上に乗る準備ができた．とはいえ，パチョーリによって確率の問題が提起されるためには，さらに200年の歳月を必要とするのである．

8.2 パスカルとフェルマーによる確率の議論

確率論の端緒を明確に規定することはできないが，1654年頃，フランス貴族だったド・メレがパスカルに尋ねた問題に対して，パスカルがフェルマーと議論した往復書簡が6通残っており，それ以前に確率論の具体的な議論や研究が見られないことを考えると，これらの往復書簡中の議論が確率論を意識的に理論として扱った最初のものといえる．本問題について概観することは，確率論を考えていく上で重要な示唆を含んでいるものと思われるので，その経緯をやや詳細に見てくことにしよう．

その世界最初に確率論として議論されたといわれる問題は，例題8.1および

例題 8.2 に示したものである．賭け事が確率論の起源となっていることがわかる．ただし，これらの問題はド・メレのオリジナルではなく，例題 8.1 に関しては，カルダーノが 1663 年に出版された著作全集の中で示していたもの，例題 8.2 に関しては，「近代会計学の父」と呼ばれたパチョーリが 1494 年に彼の著書「算術・幾何・比および比例全書」の中で示し，世界で初めて確率を数学的に扱った「パチョーリの問題」として有名になったものである．

例題 8.1 (ド・メレからパスカルへの質問)　「サイコロを 1 個，4 回投げて，一度でも 6 の目が出れば勝ち」という賭けには勝てたが，「サイコロを 2 個，同時に 24 回投げて，一度でも (6,6) の目が出れば勝ち」という賭けには勝てなかった．どちらも自分にとって有利なはずだが，なぜ負けたのだろう？

ド・メレは以下のように考えた．

> 6 の目の出る確率は 1/6，(6,6) の目の出る確率は 1/36 である．それぞれ 4 回と 24 回投げたら
> $$\frac{1}{6} \times 4 = \frac{2}{3}$$
> $$\frac{1}{36} \times 24 = \frac{2}{3}$$
> で同じ確率のはずだから，どちらも勝てるはずである．

それに対して，パスカルはフェルマーとの往復書簡の中でつぎのように考えている．

> 目の出る確率から計算するのではなく，目の出ない確率から計算するべきである．

これは，「ある事象が一度でも（少なくとも一度）生じる確率」を p，「ある

事象が一度も生じない確率」を q としたとき，$p+q=1$ を用いて，$p=1-q$ によって計算すべき，ということである．

サイコロ 1 個の場合，「サイコロを 1 個，4 回投げて，一度でも 6 の目が出る確率」を p，「サイコロを 1 個，4 回投げて，一度も 6 の目が出ないい確率」を q としたとき

$$p = 1 - q = 1 - \left(\frac{5}{6}\right)^4 = 0.5177$$

なので，賭けに勝てる確率の方が高いが，サイコロ 2 個の場合，「サイコロを 2 個，同時に 24 回投げて，一度でも $(6,6)$ の目が出る確率」を p，「サイコロを 2 個，同時に 24 回投げて，一度も $(6,6)$ の目が出ない確率」を q としたとき

$$p = 1 - q = 1 - \left(\frac{35}{36}\right)^{24} = 0.4914$$

なので，賭けに負ける確率の方が高くなる．

例題 8.2 (パチョーリの問題)　1 回の賭けで 1 点獲得し，6 点を先取した方が賭け金 x を受け取ることのできる賭け事がある．1 回の賭けでどちらが勝つかは運次第である．参加者は A と B の 2 名とする．A が 5 点，B が 3 点獲得したところで賭け事を中止することになった．賭け金をどう分配すればよいか？

実はこの問題に関しては，パスカルとフェルマーが議論する以前にもいくつかの解答が与えられている．それを順次見ていこう．

まず，この問題の解答としてつぎのような考え方が挙げられる．
(1) 賭け事の勝敗はついていないので無勝負とし，賭け金の分配はなしとする．
(2) 賭け事の勝敗はついていないので引き分けとし，賭け金は等分に分配する．
(3) これまでの実績で掛け金を配分する．
(4) これからのプロセスも確率的に考慮して優勝確率を求めた上で，それに従って掛け金を配分する．

最初の二つの選択肢は数理的というよりは法的な手段による解決なので、ここでは考えないことにしよう。

8.2.1 パチョーリの考え方

問題を示したパチョーリは、3番目の選択肢に従ってつぎのように考えた。

> 勝負の決まる先取点を t（この場合は 6）、A が a 点、B が b 点獲得している場合、最長 $T = 2t - 1$ 回賭けをすることになる。よって、x を
> $$\frac{a}{2t-1} : \frac{b}{T} = a : b$$
> に分配する。

この場合、けっきょくは獲得点のみが影響する。本問題は 6 点先取なので、最長 11 回賭けをすることになり、A はすでに 5 点、B は 3 点先取しているので、x を $5/11 : 3/11 = 5 : 3$ で分配する。

8.2.2 タルタリアの考え方

つぎに、タルタリアは 1556 年に出版した「一般数量論」の中で、やはり 3 番目の選択肢に従って、つぎのように考えている。

> 分配は 2 名の得点差を考慮し、x を
> $$t + (a - b) : t + (b - a)$$
> と分配する。

本問題の場合、x を $6 + (5 - 3) : 6 + (3 - 5) = 2 : 1$ と分配することになる。ただし、彼は「本問題は裁判で争うべき事項であり、敗訴しない理屈が重要であって、数学の問題ではない」と述べているので、むしろ最初の二つの選択肢に近い立場といえよう。

8.2.3 フォレスターニの考え方

タルタリアとは別に，牧師だったフォレスターニは 1603 年に出版した「算術と幾何学の実践」の中で，やはり 3 番目の選択肢に従って，つぎのように考えている．

> パチョーリによる分配の残り，すなわち，A に分配される $\dfrac{a}{T}$ と B に分配される $\dfrac{b}{T}$ の残り $1 - \dfrac{a+b}{T}$ を両者に均等に分ける．よって，x を
> $$\dfrac{a}{T} + \dfrac{1}{2}\left(1 - \dfrac{a+b}{T}\right) : \dfrac{b}{T} + \dfrac{1}{2}\left(1 - \dfrac{a+b}{T}\right)$$
> $$= T + (a-b) : T + (b-a)$$
> に分配する．

これはタルタリアの t を T に変えたものである．本問題の場合，x を $11 + (5-3) : 11 + (3-5) = 13 : 9$ と分配することになる．

8.2.4 カルダーノとペヴェローネの考え方

初めて第 4 の選択肢を考慮に入れたのは，カルダーノとペヴェローネである．カルダーノは 1539 年に執筆した「実践算術書」の中で，ペヴェローネは 1558 年に執筆した「算術と幾何学に関する二つの書簡と小論」の中で，x の分配が a と b ではなく，$t-b$ と $t-a$ に従うべきだと考えた．すなわち

> a 点獲得した A は決着が付くまであと 1 回〜$(t-b)$ 回賭けをする可能性があり，b 点獲得した B は同様にあと 1 回〜$(t-a)$ 回賭けをする可能性がある．1 回の賭けにつき 1 単位の金を賭けるとすれば，A は $1 + \cdots + (t-b) = (t-b)(t-b+1)/2$ 単位，B は $1 + \cdots + (t-a) = (t-a)(t-a+1)/2$ 単位の賭け金をかけることになる．よって，x を
> $$\dfrac{(t-b)(t-b+1)}{2} : \dfrac{(t-a)(t-a+1)}{2}$$

$$= (t-b)(t-b+1) : (t-a)(t-a+1)$$

に分配する。

本問題の場合, x を $(6-3)(6-3+1) : (6-5)(6-5+1) = 6 : 1$ と分配することになる。この考え方は，初めて確率的思考に足を踏み入れた点で高く評価できるが，この問題に特化したレベルで議論が終わっているため，確率論の嚆矢とまではいえないであろう。

8.2.5 パスカルとフェルマーの考え方

パスカルとフェルマーも第4の選択肢に基づいて議論を進めた。その基本的な考え方は以下のとおりである。

勝敗が決まるまでのすべての賭けの勝ち負けのパターンを考慮し，それぞれの確率を計算する。残りの賭けは最大 $T-a-b$ 回する可能性があるが，勝敗が決まるか決まらないか関係ないとして，残りの賭けの回数は $T-a-b$ とする。いま, $r = T-a-b$ と置こう。そのうちの1通りの賭けの結果が生起する確率は，1回の賭けにおける勝ち負けが同様に確からしいとしたとき, $(1/2)^r$ である。A がこの賭けに勝つためには，残りの賭けのうち，$t-a$ 回以上勝てばよいので，その組合せを考えると，A の勝つ確率は

$$\sum_{k=t-a}^{r} \binom{r}{k} \left(\frac{1}{2}\right)^r$$

となり，B の勝つ確率は

$$\sum_{k=t-b}^{r} \binom{r}{k} \left(\frac{1}{2}\right)^r$$

となる。よって，x を

$$\sum_{k=t-a}^{r} \binom{r}{k} \left(\frac{1}{2}\right)^r : \sum_{k=t-b}^{r} \binom{r}{k} \left(\frac{1}{2}\right)^r = \sum_{k=t-a}^{r} \binom{r}{k} : \sum_{k=t-b}^{r} \binom{r}{k}$$

8.2 パスカルとフェルマーによる確率の議論

に分配する。

本問題の場合,x を $\sum_{k=1}^{3}\binom{3}{k} : \sum_{k=3}^{3}\binom{3}{k} = 7 : 1$ と分配することになる。[†]
この方法がそれまでの方法と違う所は

(1) 4番目の選択肢,すなわち,これまでの結果だけではなく,これからのプロセスも確率的に考慮して掛け金を配分することにより,確率の本質である「過去と現在による未来への確信」が考慮されている。

(2) 議論を,この問題のみならず,他の問題にも拡張できる。

という点にあり,まさに確率論の端緒ともいうべき議論といえる。

パスカルは晩年になって確率的思考を深め,神の存在について確率を基にして考察した。これは「パスカルの賭け」と呼ばれるもので,「理性によって神の

コーヒーブレイク

パチョーリは複式簿記に初めて学術的な説明を与えたことで,「近代会計学の父」と呼ばれている。

カルダーノは自身の著「アルス・マグナ」の中で,「足して 10,掛けて 40 になる二つの数」についての答えを,「$5+\sqrt{-15}$ と $5-\sqrt{-15}$ である」と述べ,はじめて虚数の概念を提唱した。

「パンセ」の著者としても有名なパスカルは,哲学者としても大きな足跡を残している。

一芸に秀でた人はいくつもの芸にも秀でている,ということなのだろう。

[†]

(1) **二項係数**(binomial coefficient):n から k 選ぶ組合せの数。
$$\binom{n}{r} = {}_nC_k = \frac{n!}{(n-k)!\,k!} = \frac{n\cdot(n-1)\cdots(n-k+1)}{k!}$$

(2) n から k 選ぶ順列の数:${}_nP_k$
$$\begin{aligned}{}_nP_k &= \frac{n!}{(n-k)!} = n\cdot(n-1)\cdots(n-k+1) \\ &= k!\binom{n}{k} = \binom{n}{1}\cdot\binom{n-1}{1}\cdots\binom{n-k+1}{1}\end{aligned}$$

存在を証明することができないのであれば，神の存在に賭けた方が賭けないよりも生きることの意味が増える」という考え方である．この賭けは，確率に無限という概念を導入した最初の例の一つであると同時に，信念の度合いを確率論に持ち込んだ点で主観確率の嚆矢となり，また，後のゲーム理論のはしりともなった．

8.3 期待値の概念

パスカルとフェルマーが確率の数学的基盤を往復書簡の中で議論していた 1654 年頃，ホイヘンスは，1657 年に記した著書「偶然のゲームにおける計算について」の中で，期待値という概念を初めて提唱した．

定義 8.1（チャンスの価値（期待値））　a_1 円を得るチャンス（kans）が q_1 通り，a_2 円を得るチャンスが q_2 通り，$\cdots$，a_n 円を得るチャンスが q_n 通りある．すべてのチャンスの総和は $Q = \sum_{i=1}^{n} q_i$ であり，これらのチャンスがすべて同等なら，**チャンスの価値**（waarde van kans）E は

$$E = \frac{\sum_{i=1}^{n} q_i a_i}{Q}$$

と定義される．

ここでチャンスという用語は，日常的に用いられる場合と同じ意味として，定義なしに使われている．その後，ホイヘンスの大学での恩師であるスホーテンは，「チャンスの価値」を「期待値」という意味のラテン語「expectatio」と翻訳し，それ以降，ホイヘンスが述べた上述の概念は「期待値」と呼ばれるようになった．これにより，これまで感覚的でしかなかった偶然性を含む多くのゲームが，確率論という枠組みの中で議論できるようになった．

定義 8.1 で

$$p_i = \frac{q_i}{Q}$$

とすると，p_i は現在一般的にイメージされる確率となり

$$E = \sum_{i=1}^{n} p_i a_i$$

が導かれ，現在われわれが期待値として用いている式と一致することに注意しよう．

8.4 ベルヌーイによる確率の議論

パスカルとフェルマーの往復書簡について忘れてはならないのは，ベルヌーイによる確率の議論である．ベルヌーイはラプラスに先立つこと 100 年前に，**大数の弱法則** (weak law of large numbers) という確率論の基本的定理を 20 年かけて証明した．また，1738 年に記した「リスクの測定に関する新理論」の中で，**聖ペテルブルクのパラドックス** (St. Petersburg paradox) という問題を示し，これを現在では**限界効用逓減の法則** (law of diminishing marginal utility) として知られる論理で解決することによって，のちに期待効用理論として開花する理論の礎を築いた．大数の弱法則は，後にボレルやコルモゴロフによる**大数の強法則** (strong law of large numbers) の証明により，その特別な場合として示されることになる．これら大数の弱法則および強法則については後述するので，ここでは聖ペテルブルクのパラドックスについて述べることにしよう．

例 8.1 (聖ペテルブルクのパラドックス) 表と裏が偏りなく作られたコインによる賭けをプレーヤと胴元の間で行う．プレーヤの得る賞金 x はコインを投げ続けて初めて表が出るまでの回数によって決められ，1 回目で初めて表が出れば 2 円，2 回目であれば 4 円，3 回目であれば 8 円 $\cdots$ n 回目であれば 2^n 円である．この賭けを公平にするためには，プレーヤは胴元にいくら払えばよいであろうか．

この種の問題では，この賭けの期待値が，賭けを公平に行うための金額とされる．そこで，この問題の期待値 E をヘイホンスの定義に従って計算しよう．この賭けは，初めて表が出るまでの回数によって決まるが，理論的には初めて表が出るまでの回数はいくらでも大きく取れる．また，n 回目に初めて表が出る確率，すわなち 2^n 円を手に入れる確率は $1/2^n$ なので，x の期待値 E は

$$E(x) = \sum_{n=1}^{\infty} \left(\frac{1}{2^n} \cdot x\right) = \sum_{n=1}^{\infty} \left(\frac{1}{2^n} \cdot 2^n\right) = \infty$$

となり，無限大に発散する．すなわち，期待値から考えると，「どれだけ払ってもプレーヤは参加すべき」という結論が導かれるが，実際には，10回目で初めて表が出ても 1024 円しか手に入れることができず，期待値が示すほどプレーヤに有利な賭けではないことは直感的には明らかである．そのため，この問題はパラドックスと呼ばれる．

そこでベルヌーイは，財（保有しているお金やモノ）に対する満足度を示す**効用**（utility）という概念を考え

> 人間は財自体ではなく，効用によって財の価値を測る．

とした．そして

> 効用の変化は保有している財の量に反比例する．

という仮説を立てて，この問題に対する解の一つを示した．これは，「保有している財が大きいほど，効用の変化，すなわち財に対する満足度の幅は小さくなる」ということを意味する．例えば，1 万円保有しているときの 1 万円の増減と，100 万円保有しているときの 1 万円の増減を比較した場合，多くの人は前者の方がはるかに喜びや落胆が大きくなる．

財を 1 単位増加したときの効用の増加分を**限界効用**（marginal utility）と呼ぶので，この仮説は後に限界効用逓減の法則と呼ばれるものと同じとなる．

まず，ベルヌーイの仮説を数式で表そう。いま，保有している財を x，財に対応する効用を $U(x)$ としたとき，効用の変化である $dU(x)/dx$ は保有している財の量である x に反比例するので

$$\frac{dU(x)}{dx} \cdot x = 一定$$

より，定数 a を使って

$$U(x) = a\log_2 x$$

が導かれる。底は2としたが，別の値にしてもかまわない。聖ペテルブルクのパラドックスでは手に入れる金額は $x = 2^n$ 円であったが，x をそのまま使うのではなく，x に対応する効用，すなわち，$U(x) = U(2^n)$ を使うことにする。すると，x の期待値ではなく $U(x)$ の期待値になるので

$$E(U(x)) = \sum_{n=1}^{\infty}\left(\frac{1}{2^n} \cdot U(2^n)\right) = \sum_{n=1}^{\infty}\left(\frac{1}{2^n} \cdot a\log_2 2^n\right)$$
$$= a\log_2 2 \cdot \sum_{n=1}^{\infty}\left(\frac{n}{2^n}\right) = 2a\log_2 2 = 2a$$

となり，一定値に収束する。

ただし，対数関数による効用を導入しても，聖ペテルブルクのパラドックスを完全に解いたことにはなっていないことに注意しなければならない。例えば，賞金を1回裏が出るごとに直前の賞金の2倍ではなく，直前の効用の2倍になるように設定すれば，けっきょく発散してしまうことになる。これ以上の詳細な議論については，確率論・統計論に関するより詳細な文献を参考されたい。

ところで，聖ペテルブルクのパラドックスでも使われているコイン投げは，その結果が表と裏しか出ない。このように，結果が2種類しか起こらない試行のことを，ベルヌーイの名を冠して，**ベルヌーイ試行** (Bernoulli trials) という。

章 末 問 題

【1】 例題 8.1 について,「サイコロを 2 個同時に投げて, 1 度でも (1, 2) の目が出れば勝ち」という賭けを有利にするためには, 最低何回投げることにすればよいか考察せよ.

【2】 例題 8.2 について, 1 回の賭けの勝ち負けの確率を, A が勝つ確率 p, B が勝つ確率 q と一般化したとき, x はどのように分配すればよいか考察せよ.

【3】 1 から 6 までの数字の一つに x 円を賭けてから, サイコロを三つ同時に振る. もし賭けた数字の目が出なければ, 賭け金は胴元に没収される. もし一つだけ出れば, 賭け金のほかに x 円, 二つ出れば $2x$ 円, 三つすべて出れば $3x$ 円が配当される. これは賭けた方と胴元のどちらに有利な賭けか, 具体的な確率計算をすることなく判定せよ.

9 数学的確率

さて,いよいよ数学的に確率を論じることになる。先に述べたように,確率論の歴史は無限への取組みの歴史である。これから述べる数学的確率は,無限への取組みの準備が十分にできていない頃に議論されてきたものなので,対象も基本的に有限である。ただし,確率の考え方の基本となり,後に功利主義的確率で無限の概念を扱っていくときにも必要な考え方なので,十分に理解してほしい。

9.1 標本空間と事象(有限バージョン)

9.1.1 標本空間・標本点・事象

これまで,定義なしにさまざまな用語を用いてきたが,ここで改めていくつかの基本的な用語を定義しておこう。ただし,先に書いたように,ここではあくまで有限の対象に対する定義を述べ,無限の概念を取り入れたより幅広い定義については,公理主義的確率の定義で改めて示すことにする。

まず,コインを投げる,サイコロを振るといった操作を**試行**(trial)といい,試行によって起こり得るすべての結果の集合を**標本空間**(sample space),または**全事象**(whole event)という。標本空間の要素を**標本点**(sample point)といい,標本空間の部分集合を**事象**(event)という。すなわち,事象は標本点の集合である。特に,標本点が1個の(それ以上に分けられない)事象を**根元事象**(elementary event)といい,標本点が2個以上の(根元事象を組み合わせた)事象を**複合事象**(compound event)という。

この用語の定義はややわかりにくいので，簡単な例を以下に挙げる。

例 9.1 (サイコロを 1 回振る場合)　サイコロを 1 回振ったとき，「サイコロを振る操作」が試行であり，起こり得る結果は「1 の目が出る」〜「6 の目が出る」の 6 通りである。$i =$「i の目が出る」$(i = 1, \ldots, 6)$ としたとき，標本点は $1, \ldots, 6$ の六つであり，標本空間は $\Omega = \{1, \ldots, 6\}$ となる。事象は標本空間の部分集合なので

$$\phi, \{1\}, \ldots, \{6\}, \{1,2\}, \ldots, \{5,6\}, \{1,2,3\}, \ldots, \{4,5,6\},$$
$$\{1,2,3,4\}, \ldots, \{3,4,5,6\}, \{1,2,3,4,5\}, \ldots, \{2,3,4,5,6\}, \Omega$$

の 64 通り存在する。ϕ は空集合を意味する。一般に n 個の標本点から成る標本空間の事象は 2^n 個となる。根元事象は

$$\{1\}, \{2\}, \{3\}, \{4\}, \{5\}, \{6\}$$

であり，根元事象と ϕ を除くすべての事象が複合事象となる。「偶数の目が出る」は $\{2,4,6\}$ となるので複合事象である。

例 9.2 (コインを 2 回投げる場合)　コインを 2 回投げたとき，「コインを 2 回投げる」が試行であり，起こり得る結果は「1 回目に表，2 回目に表が出る」〜「1 回目に裏，2 回目に裏が出る」の 4 通りである。表を H，裏を T とし，$(a_1, a_2) =$「1 回目に a_1，2 回目に a_2 が出る」$(a_1, a_2 \in \{H, T\})$ としたとき，標本点は $(H,H), (H,T), (T,H), (T,T)$ の四つであり，標本空間は $\Omega = \{(H,H), (H,T), (T,H), (T,T)\}$ となる。事象は標本空間の部分集合なので

$$\phi, \{(H,H)\}, \ldots, \{(T,T)\}, \{(H,H), (H,T)\}, \ldots, \{(T,H), (T,T)\},$$
$$\{(H,H), (H,T), (T,H)\}, \ldots, \{(H,T), (T,H), (T,T)\}, \Omega$$

の 16 通り存在する。根元事象は

$$\{(H,H)\}, \{(H,T)\}, \{(T,H)\}, \{(T,T)\}$$

であり，根元事象と ϕ を除くすべての事象が複合事象となる。「2 回とも表が出る」は $\{(H,H)\}$ なので根元事象であり，「2 回のうち少なくとも 1 回は表が出る」は $\{(H,H),(H,T),(T,H)\}$ となるので複合事象である。

9.1.2 事象の演算

事象は標本空間の部分集合と定義したので，集合間の演算を適用することができる。

事象 A と B を考えたとき

(1) **和事象**（sum event）：A と B との和集合。「A または B が起こる」事象。
$$A \cup B$$

(2) **積事象**（product event）：A と B の積集合。「A かつ B が起こる」事象。
$$A \cap B$$

(3) **余事象**（complementary event）：標本空間における A の補集合。「A は起こらない」事象。
$$A^c$$

(4) **差事象**（difference event）：A における B の補集合。「A は起きるが B は起こらない」事象。
$$A \setminus B = A \cap B^c$$

(5) **空事象**（empty event）：空集合。ϕ

(6) 「A が起きると必ず B も起きる」：$A \subset B$

(7) 「A と B とは排反事象（**exclusive event**）である」：$A \cap B = \phi$

9.2 数学的確率の定義

パスカルとフェルマーは理論としての確率を往復書簡の中で論じ合ったが，書物としてこの世で初めて確率を扱ったものは，16世紀にカルダーノによって記され，1663年に出版された「偶然のゲームについて」であるといわれている．執筆されたのは，パスカルとフェルマーの議論にさかのぼること約100年も前のことであった．

カルダーノはその中で，カードやサイコロを用いた賭け事に対する詳細な解析を行ったが，これを理論体系化するには，ラプラスの出現を待たなければならなかったのである．

1812年には「確率の解析的理論」（文献13））を記したが，その中で初めて確率は理論体系化される．ラプラスが「確率の解析的理論」の中で体系化した確率を，ここでは**数学的確率**（mathematical probability）ということにしよう．**算術的確率**という場合もあるが，同義である．

では，以下に数学的確率を定義しよう．

定義 9.1 （数学的確率）　試行の結果のすべての起こり方，すなわち標本空間の要素数（標本点の数）を N とし，これらは「**すべて同程度に確からしい**」とする．ある事象 E にとって，「それが生じれば事象 E が生起するような」起こり方，すなわち事象 E を生起させる標本点の数が r 個あったとき，事象 E の生起する数学的確率 $P(E)$ を

$$P(E) = \frac{r}{N}$$

と定義する．

この数学的確率においては，確率は標本点の数を数え上げに帰着される．そのため，順列・組合せの諸定理をそのまま用することが可能である．また，順

列・組合せの考え方が適用できるような事例，例えば，コイン投げやサイコロ以外にも，トランプのポーカーでフルハウスが出る確率，任意の2名に対して誕生日が同じになる確率，宝くじの当選確率などに対して適用することができる．

例 9.3 「サイコロを同時に二つ振る」という試行において，標本空間は $\{(1,1),\ldots,(6,6)\}$ であり，標本点の数（標本空間の要素数）は $N = 6\times 6 = 36$ となる．「出た二つの目の和が7となる」という事象 E は，$(1,6),(2,5),\ldots,(6,1)$ の6個の標本点の組合せなので複合事象となり，「出た二つの目の和が7となる」確率 $P(E)$ は $6/36 = 1/6$ で与えられる．また，「出た二つの目の和が2となる」という事象 E は，$(1,1)$ の1個の標本点から成るので根元事象となり，「出た二つの目の和が2となる」確率は $1/36$ で与えられる．

例 9.4 ポーカーはトランプゲームの一種で，5枚の手札で役を作って，その強弱を競う．強弱は数学的確率の順に決められている．表 9.1 に，Jorker なしでトランプの総数が 52 枚の場合の，各手役の組合せの数と確率を示した．

表 9.1 ポーカーにおける各手役の組合せの数と確率

手　役	組合せの数	確　率〔%〕
No pair	1 302 540	50.12
One pair	1 098 240	42.33
Two pair	123 552	4.754
Three of a kind	54 912	2.113
Straight	10 200	0.392 5
Flush	5 108	0.196 5
Full house	3 744	0.144 1
Four of a kind	624	0.024 01
Straight flush	36	0.001 385
Royal flush	4	0.000 153 9
総計	2 598 960	100.0

標本点の数（トランプの組合せ総数）は $\binom{52}{5}$ となる。また例えば Full house は，同じ数のカード2枚と同じ数のカード3枚の組合せであり，トランプには同じ数のカードが4枚，それが13種入っているので，$\binom{4}{2}\binom{4}{3}{}_{13}\mathrm{P}_2 = 3744$ の組合せから成る複合事象となる。

9.3　理由不十分の原理

さて，定義 9.1 では，「すべて同程度に確からしい」という仮定を置いていることに注意してほしい。この意味ははっきりしているが，この仮定自体が確率の存在を前提としている。すなわち，確率を定義するのに，確率を用いているというトートロジーの問題がある。ラプラスは，これについて以下のように説明している。

> われわれが無知であるがゆえに確率ということが問題になるのであり，同様に確からしいということは，それを判断する知識が欠けているということを意味する。例えば，コインを投げたとき，表が出るのと裏が出るのと，どちらがより確からしいかはまったくわからない。そこで，表が出ることと裏が出ることは，同様に確からしい，とするのである。

そこでラプラスは，この問題点を克服するために，**理由不十分の原理**（principle of insufficient reason）を用いた。これは後に，経済学者のケインズによって，彼の著書「確率論」(文献 14)) の中で**無差別の原理**（principle of indifference）と呼ばれるようになった。

定義 9.2　（理由不十分の原理）　もし，ある事象がほかの事象よりも起こるべきであると考える十分な理由を持たないならば，それらの事象は同等の可能性を持つ。

9.3 理由不十分の原理

言い換えれば,「すべて同様に確からしいことを明確に否定する十分な理由がないので,すべて同様に確からしいことにする」ということになる。

決定論者であるラプラスは,確率を知識の欠如による主観的な理論と考えていた。そのため,理由不十分の原理も,現象の生起におけるあいまいさではなく,「決めかねる程度」という人間の主観的判断におけるあいまいさに基づいており,理由不十分の原理に基づいた数学的確率は,そのトートロジーと主観的な立場ゆえに,厳しい批判にさらされることになる。

理由不十分の原理に関して,ケインズの示したパラドックスを一つ紹介しよう。

例 9.5 (ケインズのパラドックス)　二つの液体 A と B の混合物があり,その混合比 A/B について

$$\frac{1}{3} \leq \frac{A}{B} \leq 3$$

であることのみがわかっている。情報はこれだけなので,理由不十分の原理により,混合比の取る可能性(確率)はこの範囲で同等である。さてここで,A/B が 2 以下である確率 $P(A/B \leq 2)$ と,B/A が $1/2$ 以上である確率 $P(B/A \geq 1/2)$ について考える。当然この二つの確率は同じ,すなわち $P(A/B \leq 2) = P(B/A \geq 1/2)$ とならなければならない。

では具体的に計算してみよう。まず前者は,A/B の混合比の範囲を考慮して

$$P(A/B \leq 2) = \frac{2 - 1/3}{3 - 1/3} = \frac{5}{8}$$

となる。同様に後者は,B/A の混合比の範囲が A/B のそれと同じとなることを考慮して

$$P(B/A \geq 1/2) = \frac{3 - 1/2}{3 - 1/3} = \frac{15}{16}$$

となるが,これは $P(A/B \leq 2) \neq P(B/A \geq 1/2)$ を意味するので矛盾する。

そこで，理由不十分の原理を仮定しない確率の構築が望まれるようになり，それが頻度確率へとつながっていく．ただし，現在多くの人が「確率」という用語からイメージし，いまでも実際に多く用いているのは，この順列・組合せの考え方に基づく数学的確率であることに留意しなければならない．

章 末 問 題

【1】 壺の中に赤玉と黒玉が99個ずつ入っている．無作為に玉を1個ずつ取り出していき，どちらかの色を先にすべて取り出したとき，壺の中に残っている反対の色の玉の個数の期待値を求めよ．

【2】 コインの表を H，裏を T とする．コインを1枚投げ続けるとき，HHH が初めて出るまでに投げるコインの回数の期待値を求めよ．

【3】 自然数を無作為に一つ選んだとき，それが素数である確率を求めよ．

【4】 自然数を無作為に二つ選んだとき，それがたがいに素である確率を求めよ．

10 頻度確率と傾向性解釈

　頻度確率は，理由不十分の原理の背後に見える主観を可能な限り排除するため，試行が何回も繰り返された思考の末に安定的な頻度をもたらす傾向に着目し，この現象的側面に注目して理論体系化を行った確率であり，フォン・ミーゼスによって提唱された。一方，現象的側面ではなく，この現象をもたらす原因に着目すべきという立場をとったのが，ポパーの提唱した確率の傾向性解釈である。どちらも確率をより客観的に扱おうとする点で共通している。また，ポパーはもともと確率を頻度として扱う立場を採っており，頻度主義と傾向性解釈は強い関連がある。そこでここでは，フォン・ミーゼスによって示された頻度確率と，ポパーによる傾向性解釈について述べよう。

10.1　頻度確率

10.1.1　コレクティブ

　頻度確率（frequency probability）とは，理由不十分の原理に対する批判的立場から生まれた考え方である。ラプラスの「同様に確からしい」という立場に対して，力学の分野でも多大な功績を遺したフォン・ミーゼスは「何をもって確からしいとするか」と疑問を投げかけ，「もっと客観的な立場から確率は論じられるべきだ」とした。フォン・ミーゼスの指摘した数学的確率への問題は，以下の2点である。

(1) 応用範囲が限定的である。コインやサイコロのような簡単な事例にはある程度適した基礎を与えるが，物理統計学，社会統計学，生物学などに

対して確率論が適用されるようになると，数学的確率における「同様に確からしい」という前提自体が存在せず，これらへの適用はコインやサイコロの範囲を超えている。

(2) 数学的確率の定義から導き出される結論と観測結果との間に手がかりがない。観測結果を数学的確率の定義で説明するためには，「同様に確からしい」という前提と定義とを結び付けるための補足的な定義が必要となるが，数学的確率ではそのような補足的な定義を与えることができない。

以上の問題に対して，フォン・ミーゼスは新たな原理が必要になると結論付けた。そこで彼はまず，対象とする事象について，観測結果や理論的考察に基づいて，全試行に対するその事象の相対頻度を考えた。そして，試行回数を，実験上では大きくとったり，理論的考察上では無限大にすることによって，その極限として得られた相対頻度を，その事象の頻度確率としたのである。頻度確率は，理由不十分の原理を極力排除し，客観的に得られた観測結果のみを基にしているので，頻度主義こそが客観確率である，という立場もある。

そのためにはまず，十分に大きな試行回数による観測結果に対して，何らかの条件（前提といってもよい）を考える必要がある。そこで，フォン・ミーゼスは**コレクティブ**（kollektiv, collective）と呼ばれる以下のような観測結果の無限列を考えた。

定義 10.1 （コレクティブ） 2進無限列 $\{\omega_1, \omega_2, \ldots\}$ ($\omega_i \in \{0,1\}$, $i = 1, 2, \ldots$) が以下を満たすとき，コレクティブという。

(1) 観測結果の相対頻度は一定値に収束する。すなわち

$$\lim_{n \to \infty} \frac{\sum_{i=1}^n \omega_i}{n} = p \in [0,1]$$

(2) あらかじめ決められたいかなる規則によって，それらの観測結果の列の中から部分列を選択しても，選択された列の相対頻度は一定値に収束し，その収束値は元の列における収束値と同一になる。すなわち，ω の部分列を $\omega' = \{\omega'_1, \omega'_2, \ldots\}$ としたとき

$$\lim_{n\to\infty} \frac{\sum_{i=1}^{n} \omega'_i}{n} = p \in [0,1]$$

後者は，例えばコインを投げるとき，あらかじめ「5回ごとに観測する」としても，表が出る相対頻度の収束値は毎回観測するときと変わらない，ということを意味している．この定義は数学的には厳密とはいえなかったので，後にチャーチによって計算可能性の概念が定式化され，1938年にウォールドによって，文献 15) の中で厳密な定義が与えられた．ウォールドによって与えられた厳密な意味でのコレクティブは "consistency" と呼ばれる．

10.1.2　頻度確率の定義

以上のコレクティブを基にして，フォン・ミーゼスは確率を以下のように定義している．

定義 10.2　（頻度確率）　頻度確率とは，コレクティブにおける相対頻度である．すなわち，事象 E が観測し得る試行を n 回繰り返したとき，E が n_E 回生起したとする．$P_n(E) = \dfrac{n_E}{n}$ と置く．試行の回数 n を増やし，$n \to \infty$ で E の観測結果の列がコレクティブとなったとき，事象 E の相対頻度，すなわち頻度確率 $P(E)$ を

$$P(E) = \lim_{n\to\infty} P_n(E) \tag{10.1}$$

と定義する．

文献 16) に見える以下の言葉は，フォン・ミーゼスの理論を要約したものとして知られている．

> まずコレクティブ，そして確率．

この頻度確率は，フィッシャーやネウマンらによって支持されたが，フォン・

10. 頻度確率と傾向性解釈

ミーゼスの発表当初より，ボレルやレヴィによって以下の問題点を指摘されている。

> コレクティブの二つの定義について，前者は規則性，後者は無秩序性を要請している。これら二つは相反するものではないか。

これは本質的な指摘であり，人間が無限列を作り出すためには何らかの規則が必要となるが，そのような規則自体がコレクティブで要請している偶然性を阻害してしまうので，コレクティブで要請しているような無限列を作り出すことはできない。さらに**重複対数の法則**（law of the iterated logarithm）が成り立たないという問題もあり，フォン・ミーゼスによる頻度確率はその扱いにくさと理論的関連性から，次章以降で述べる公理主義的確率に吸収されていくことになる。

10.2 傾向性解釈

頻度確率は多数の試行の後に確率を決めるので，単独事象に対しては何もいえない。この点を解消するために考えられたのが**確率の傾向性解釈**（propensity interpretation of probability）である。後述するが，傾向性解釈は数学的理論というよりは，確率に対する考え方の提起である。

10.2.1 傾　向　性

頻度確率を提唱したフォン・ミーゼスの「単独事象の確率を議論することはナンセンス」という立場に対し，傾向性解釈を提唱したポパーは「単独事象の確率こそが本質的」であるとした。例えば，毎年8月の月間降水量の統計から，毎年8月の降水量の統計的予測を付けることはできる。しかし，ある特定の年の8月の降水量についてはコレクティブが構成できないので，確率を計算することはできない。傾向性解釈は，そのような単独事象にも客観確率を付与するための概念である。

10.2 傾向性解釈

　傾向性解釈では，各事象について，事象の生起を決める性質があると考える。例えば，コインを投げて表ばかりが出たとしよう。重要なのは表ばかりが出るという事実ではなく，何が表ばかり出させているか，その原因にある。そしてその原因は，そのコインに特有の性質，つまりコインのひずみなどのコインに内在する性質ではなく，地球と月の上では出る目が違うように，コインを含めた周りの環境すべてに内在する性質と考えなければならない。すなわち，この場合の性質とは，コインとその周りの環境との関係も含めた意味での性質を指している。このような性質を**傾向性**（propencity）という。ポパーによれば，万有引力は見えないが存在しており，その存在の確率は1なので，傾向性の特別なものと説明される。

　数学的確率によれば，確率とは，理由不十分の原理が述べているように，われわれが無知であるがゆえの産物である。すなわち，確率はわれわれの無知の状態を示していると捉えられる。一方，傾向性解釈では，確率はその事象を生起させ得る状況に内在するものであり，われわれの知識のあるなしに関係ない，完全に客観的な概念となる。傾向性は直接には観測できないが存在するものであり，それゆえに確率は傾向性という物理的実在を数値で表したものと解釈される。

　では具体的に，傾向性解釈に基づいた確率をどのように計算するかだが，数学的確率では，ひずんだコインをはじめとする「同等に確からしい」から逸脱した事象について扱うことはできない。そのため，ポパーによれば，同等でない確からしさである「荷重された可能性」，すなわち傾向性に基づいた確率概念が必要であり，それは統計的手法で可能である。ポパーは単独事象が扱えないことを頻度確率の欠点としたが，これは確率に対する解釈の問題であり，数値の付与についてまで否定しているわけではなく，客観確率の立場に立っているポパーの考えからすれば，このことに矛盾はない。また，この「荷重された可能性」は加法性を有し，総和が1になるという意味において，コルモゴロフの公理主義的確率と同じものである。特にポパーは

> コルモゴロフの理論は傾向性として解釈する以外に解釈のしようがない。

と語っており，彼の提唱した傾向性解釈は，数学形式的には公理主義的確率と変わるものではない。

10.2.2 傾向性解釈に対する批判

傾向性解釈にはいくつか批判があるが，特に以下の2点が問題とされる。

まず，傾向性解釈に基づく確率が，たとえわれわれの無知による確率と本質的に違った概念でも，結果として得られる単独事象の予測が変わるわけではない。まして，各事象の傾向性を見ることができないのであれば，傾向性は完全に形而上のものとなり，意味を失う。

さらに，単独事象について傾向性解釈に基づく確率が得られたからといって，それを確認する手立てはない。「つぎのコイン投げで表が出る」という単独事象は確認可能だが，「つぎのコイン投げで1/2の確率で表が出る」という単独事象は確認不可能であり，もし確認するのであれば，繰返しによる頻度確率の範疇にならざるを得ない。すなわち，傾向性解釈による確率は確認不可能である。

先に述べたように，数学形式的には傾向性解釈は新しいものはないし，その確率も統計的手法で得られるとしている。しかし，傾向性解釈の考え方は量子力学の観測問題をはじめとする自然科学の多くの分野に大きな影響を与えている。

章 末 問 題

【1】 十分多い試行がどのような結果を与えるか，例えばサイコロ投げについて計算機上で確認せよ。

【2】 傾向性解釈が量子力学の観測問題にどのような影響を与えているか調べよ。

11 公理主義的確率

数学的確率にしても頻度確率にしても，ある問題を解決すれば別の新たな問題が起こる．特に，試行の回数などに無限の概念を入れようとすると，さまざまなほころびが生じる．そこでこのような状況を解決するため，コルモゴロフは確率について

> 数学の一分野としての確率論は，幾何学や代数学とまったく同じように公理を起点として発達させることができるし，またそうであるべきである．

と考え，1933 年に記した「確率論の基礎概念」（文献 17)）において，公理系としての確率を確立した．すなわち，これまで確率と呼ばれた概念や定義を取捨選択し，高度に抽象化することによって，確率論を公理系として構築し直したのである．これを**公理主義的確率**（axiomatic probability）という．数学的確率や頻度確率で確率の直感的イメージを養うことができるが，公理主義的確率は数学的に厳密な体系を持っているので，理論的にも深化させることができ，そのため，現代の確率論で扱う確率はこの公理主義的確率である．必然的に章のウェイトは高くなる．

11.1 公理主義的確率の概要

公理主義的確率を簡単にいえば，可測空間上で定義された測度の一つとして考えられる．そのためにはまず，可測空間とは何かから考えなければならない．

可測空間とは位相空間の一つである。位相空間とは3.1節で述べたように，もともとの集合と，ある決まった性質を満たす部分集合全体の族の組として定義されており，可測空間の場合の「ある決まった性質」とは，「測度を定義するために十分な性質」のことである。また，このような性質を持つ集合族を**加法族**（additive family）という。

つぎに測度とは，面積や体積の概念を一般化したものであり，公理主義的確率を考えていく上で最も重要な概念といえる。面積や体積を扱う最初の厳密な数学的手法は，リーマンが1868年に提案した**リーマン積分**（Riemann integral）である。これは，高校までで学習する積分と同じと思えばよい。しかし，リーマン積分は有界区間上でのみ定義されており，極限を取る操作で無限区間に拡張した場合，しばしば不都合が生じる。これは，リーマン積分の有限加法性という性質による。以下のような**指示関数**（indicator function）は，リーマン積分できない代表的な例である。

$$f(x) = \begin{cases} 1 & (x \text{ は有理数}) \\ 0 & (x \text{ は無理数}) \end{cases} \tag{11.1}$$

そこでルベーグは，1902年に学位論文「積分, 長さ, 体積」の中で**測度**（measure）の概念を確立させ，リーマン積分の有限加法性を完全加法性に置き直すことによって，リーマン積分よりも極限の概念と高い親和性を持ち，汎用性の広い**ルベーグ積分**（Lebesgue integral）を示した。ルベーグの示した完全加法性を持つ測度に対して，リーマン積分に代表される有限加法性を持つ測度を**有界加法的測度**（finitely additive measure），または**ジョルダン測度**（Jordan measure）という。

つまり，公理主義的確率を考えるためには，測度について考える必要があり，そのためには測度空間と完全加法性について述べる必要があり，その前段階として有限加法性について言及する必要がある。

11.2 有限加法族と有限加法的測度

ではまず，有限加法性を持つ加法族，すなわち有限加法族について述べよう。

定義 11.1 (有限加法族)　**有限加法族**（finitely additive family），または**集合体**（algebra）とは，集合 Ω の部分集合の族 $\mathcal{F}$ でつぎの条件を満たすもののことをいう。

(1) $\phi \in \mathcal{F}$
(2) $A \in \mathcal{F} \Longrightarrow A^c = \Omega \setminus A \in \mathcal{F}$
(3) $A, B \in \mathcal{F} \Longrightarrow A \cup B \in \mathcal{F}$

また，Ω の任意の部分集合の族 $\mathcal{G}$ に対して，$\mathcal{G}$ を含む Ω 上の有限加法族全体を $\mathscr{B}$ としたとき，$\bigcap_{\mathcal{F} \in \mathscr{B}} \mathcal{F}$ を $\mathcal{G}$ から**生成される最小の有限加法族**という。

有限加法族の簡単な例を挙げよう。

例 11.1　$\Omega = \{a, b, c, d\}$ を考えたとき，$\mathcal{F}_1 = \{\phi, \Omega\}$, $\mathcal{F}_2 = \{\phi, \{a, b\}, \{c, d\}, \Omega\}$ は有限加法族になるが，$\mathcal{F}_3 = \{\phi, \{a\}, \{b\}, \{c\}, \{d\}, \Omega\}$ は有限加法族にならない。$\{a\}, \{b\} \in \mathcal{F}_3$ について，$\{a\} \cup \{b\} = \{a, b\} \notin \mathcal{F}_3$ だからである。また，$\mathcal{G} = \{\phi\}$ としたとき，$\mathcal{F}_1$ は $\mathcal{G}$ から生成される最小の有限加法族となっている。

有限加法族の最も重要な例として区間塊がある。簡単にいえば直方体のことだが，面積や体積を測るとき，小さな直方体で覆うことを考えるのが自然であろう。そのため区間塊は，面積や体積を測る上で重要な道具となる。

例 11.2 (区間塊)　1 次元ユークリッド空間 $\Re^1$ において，$(a, b] = \{x \mid a < x \leq b, x \in \Re^1\}$ という集合を考える。これを R^1 における**区間**

(interval) という。ϕ も便宜上区間とする。また，n 次元ユークリッド空間 $\Re^n$ において，この集合の直積

$$I^n = (a_1, b_1] \times \cdots \times (a_n, b_n] = \prod_{i=1}^{n}(a_i, b_i]$$

を $\Re^n$ における**区間塊** (mass of interval) という。$\Re^n$ における区間塊すべての族 $\mathcal{F}^n$ は有限加法族となる。

有限加法族の定義から以下が導かれる。

定理 11.1 (有限加法族の性質)

(1) $\Omega \in F$

(2) $A_1, \ldots, A_n \in \mathcal{F} \Longrightarrow \bigcup_{i=1}^{n} A_i \in \mathcal{F}$

(3) $A_1, \ldots, A_n \in \mathcal{F} \Longrightarrow \bigcap_{i=1}^{n} A_i \in \mathcal{F}$

有限加法族を用いて，有限加法的測度を定義する。

定義 11.2 (有限加法的測度，ジョルダン測度) 集合 Ω とその部分集合から成る有限加法族 $\mathcal{F}$ から成る空間において，関数 $m : \mathcal{F} \to [0, \infty]$ が以下を満たすとき，**有限加法的測度** (finitely additive measure)，またはジョルダン測度 (Jordan measure) という。

(1) $m(\phi) = 0$

(2) $A, B \in \mathcal{F}, A \cap B = \phi \Longrightarrow m(A \cup B) = m(A) + m(B)$

有限加法的測度の定義から以下が導かれる。

定理 11.2 (有限加法的測度の性質)

(1) $A, B \in \mathcal{F}, A \subset B \Longrightarrow m(A) \leq m(B)$ (**単調性**) (monotonicity)

(2) $A_1, \ldots, A_n \in \mathcal{F}, A_i \cap A_j \ (i \neq j) \Longrightarrow m\left(\bigcup_{i=1}^{n} A_i\right) = \sum_{i=1}^{n} m(A_i)$

（有限加法性）(finite additivity)

(3) $A_1, \ldots, A_n \in \mathcal{F} \Longrightarrow m\left(\bigcup_{i=1}^{n} A_i\right) \leq \sum_{i=1}^{n} m(A_i)$

（有限劣加法性）(finite nonadditivity)

(4) $A_1, \ldots, A_n \subset B \in \mathcal{F} \Longrightarrow m(B) \leq \sum_{i=1}^{n} m(A_i)$

(4) は単調性 (1) と有限劣加法性 (3) とから導かれ，逆に単調性 (1) と有限劣加法性 (3) は (4) に特別な場合として含まれているので，単調性 (1) かつ有限劣加法性 (3) と (4) は同値である。

11.3　完全加法族と有限加法的測度

有限加法族では，有限回の集合演算について閉じていた。すなわち，有限個の $A_i \in \mathcal{F} \ (i = 1, \ldots, n)$ の和についての定義であったが，これを可算無限回の集合演算，すなわち可算無限個の $A_i \in \mathcal{F} \ (i = 1, \ldots, \infty)$ の和に拡張したものが**完全加法族**（completely additive family）である。**可算加法族**（countably additive family），**σ-加法族**（σ-additive family），**σ-集合体**（σ-field）などともいう†。

定義 11.3　（完全加法族，可測集合，可測空間）　完全加法族とは，集合 Ω の部分集合の族 $\mathcal{F}$ でつぎの条件を満たすもののことをいう。

(1) $\phi \in \mathcal{F}$

(2) $A \in F \Longrightarrow A^c = \Omega \setminus A \in \mathcal{F}$

(3) $A_i \in F \ (i \in \mathbb{N}) \Longrightarrow \bigcup_{i=1}^{\infty} A_i \in \mathcal{F}$

---

† σ という接頭語は可算無限を意味している。

このとき、$\mathcal{F}$ の要素（集合）を**可測集合**（measurable set）という。

Ω の任意の部分集合の族 $\mathcal{G}$ に対して、$\mathcal{G}$ を含む Ω 上の完全加法族全体を $\mathcal{B}$ としたとき、$\bigcap_{\mathcal{F} \in \mathcal{B}} \mathcal{F}$ を $\mathcal{G}$ から**生成される最小の完全加法族**といい、$\sigma(\mathcal{F})$ と書く。$\mathcal{F}$ に対して $\sigma(\mathcal{F})$ はただ一つ存在する。

また、Ω と $\mathcal{F}$ の組 $(\Omega, \mathcal{F})$ を**可測空間**（measurable space）という。

有限加法族と完全加法族の違いは、定義 11.1 における (3) の有限和と定義 11.3 における (3) の無限和だけである。

完全加法族の重要な例を挙げておこう。

例 11.3 （ボレル集合体） 位相空間 Ω において、その部分集合の完全加法族 $\mathcal{B}$ が与えられたとき、$\mathcal{B}$ を Ω における**ボレル集合体**（Borel algebra）といい、$\mathcal{B}$ に属する集合を**ボレル集合**（Borel set）という。X 上のボレル集合体は、すべての開集合を含む最小の完全加法族となる。

例 11.4 （n 次元ボレル集合体） n 次元ユークリッド空間 $\mathbb{R}^n$ において、区間塊の完全加法族 $\mathcal{B}_n$ が与えられたとき、$\mathcal{B}_n$ を $\mathbb{R}^n$ における **n 次元ボレル集合体**（n-dimensional Borel algebra）という。特に $n = 1$ の場合、確率変数の定義に重要となる。

有限加法族と同様に、完全加法族の定義から以下が導かれる。

定理 11.3 （完全加法族の性質）

(1) $\Omega \in F$

(2) $A_i \in F \ (i \in \mathbb{N}) \implies \bigcap_{i=1}^{\infty} A_i \in \mathcal{F}$

これで測度を定義する準備が整った。では、以下に測度について述べよう。

定義 11.4 （測度，測度空間） 集合 Ω とその部分集合から成る完全加法族 $\mathcal{F}$ から成る可測空間 $(\Omega, \mathcal{F})$ において，関数 $\mu : \mathcal{F} \to [0, \infty]$ が以下を満たすとき，**測度**（measure）という。

(1) $\mu(\phi) = 0$

(2) $A_i \in \mathcal{F}\ (i \in \mathbb{N}),\ A_i \cap A_j = \phi\ (i \neq j)$
$$\Longrightarrow \mu\left(\bigcup_{i=1}^{\infty} A_i\right) = \sum_{i=1}^{\infty} \mu(A_i)$$
（**完全加法性**）（complete additivity）

また，可測空間に μ を加えた組 $(\Omega, \mathcal{F}, \mu)$ を**測度空間**（measure space）という。

つまり可測集合とは，測度の定義可能な集合のことである。
測度の定義から以下が導かれる。

定理 11.4 （測度の性質）

(1) $A, B \in \mathcal{F},\ A \subset B \Longrightarrow \mu(A) \leq \mu(B)$　（**単調性**）（monotonicity）

(2) $A_i \in \mathcal{F},\ A_i \subset A_{i+1}\ (i \in \mathbb{N})$
$$\Longrightarrow \mu\left(\bigcup_{i=1}^{\infty} A_i\right) = \lim_{i \to \infty} \mu(A_i)$$

(3) $A_i \in \mathcal{F},\ A_i \supset A_{i+1}\ (i \in \mathbb{N}),\ \exists i\ (\mu(A_i) < \infty)$
$$\Longrightarrow \mu\left(\bigcap_{i=1}^{\infty} A_i\right) = \lim_{i \to \infty} \mu(A_i)$$

11.4 公理主義的確率の定義

ここまで測度について述べてきたが，その理由は，公理主義的確率が測度の一種だからである。では，いよいよ公理主義的確率に関する定義をしよう。

定義 11.5 (確率測度・確率空間)　集合 Ω とその部分集合から成る完全加法族 $\mathcal{F}$ から成る可測空間 $(\Omega, \mathcal{F})$ において,関数 $P: \mathcal{F} \to [0,1]$ が以下を満たすとき,**確率測度**(probability measure),または単に**確率**(probability)という.

(1) $P(\phi) = 0$

(2) $A_i \in \mathcal{F}\ (i \in \mathbb{N}),\ A_i \cap A_j = \phi\ (i \neq j)$
$$\Longrightarrow P\left(\bigcup_{i=1}^{\infty} A_i\right) = \sum_{i=1}^{\infty} P(A_i)$$
　　　　　　　　　　　（**完全加法性**）　（complete additivity）

また,可測空間に P を加えた組 $(\Omega, \mathcal{F}, P)$ を**確率空間** (probability space) という.

つまり公理主義的確率とは,値域を $[0, \infty]$ に代えて $[0, 1]$ とする測度のことと考えればよい.

例 11.5 (確率空間の例)　コイン投げの場合,表を H,裏を T とすると,確率空間は

$$(\Omega = \{H, T\}, \mathcal{F} = \{\phi, \{H\}, \{T\}, \Omega\}, P(\{H\}) = P(\{T\}) = 1/2)$$

となる.

11.5　標本空間と事象（一般バージョン）

数学的確率で定義した基本的な用語を改めて,公理主義的確率に合う形で再定義しよう.

定義 11.6 (標本空間・標本点・事象)　確率空間 $(\Omega, \mathcal{F}, P)$ において, Ω

を**標本空間**（sample space），Ω の要素を**標本点**（sample point），$\mathcal{F}$ の要素を**事象**（event）という。

確率を定義するのになぜわざわざ完全加法族 $\mathcal{F}$ を持ち出したのか，という疑問がある。何となく $\mathcal{F}$ でなくても，Ω の部分集合全体でいいように思える。実際，Ω が有限集合ならそれで問題ない。しかし，Ω が無限集合の場合，先に例で示した指示関数 (11.1) のように，測度の計算できない病的な集合をいくらでも考えることができる。そこで，そういう病的な集合を避け，確率の議論できる都合のいい集合だけを相手にしよう，ということなのである。

確率では「測度」の代わりに「分布」を用いることが多い。確率測度（確率分布）の具体例や性質については確率変数の説明をしてからの方がわかりやすいので，章を改めて説明することにする。

11.6 確率測度の性質

測度と同様に，公理主義的確率の定義から以下の性質が導かれる。

定理 11.5 (確率測度の性質)

(1) $A, B \in \mathcal{F}, A \subset B \implies P(A) \leq P(B)$ （**単調性**）(monotonicity)

(2) $A_i \in \mathcal{F}\ (i \in \mathbb{N})$
$$\implies P\left(\bigcup_{i=1}^{\infty} A_i\right) \leq \sum_{i=1}^{\infty} P(A_i) \quad (\textbf{劣加法性})\ (\text{nonadditivity})$$

(3) $A_i \in \mathcal{F},\ A_i \subset A_{i+1}\ (i \in \mathbb{N})$
$$\implies P\left(\bigcup_{i=1}^{\infty} A_i\right) = \lim_{i \to \infty} P(A_i)$$

(4) $A_i \in \mathcal{F},\ A_i \supset A_{i+1}\ (i \in \mathbb{N})$
$$\implies P\left(\bigcap_{i=1}^{\infty} A_i\right) = \lim_{i \to \infty} P(A_i)$$

(5) $A_i \in \mathcal{F}$ $(i \in \mathbb{N})$
$$\implies P(\liminf_{i \to \infty} A_i) \leq \liminf_{i \to \infty} P(A_i)$$
$$\leq \limsup_{i \to \infty} P(A_i) \leq P(\limsup_{i \to \infty} A_i)$$

(6) $P(\Omega) = 1$

(7) $A, B \in \mathcal{F} \implies P(A \cup B) + P(A \cap B) = P(A) + P(B)$

（確率の加法定理）(additional theorem of probability)

どの性質も重要だが，特に最後の**確率の加法定理**(addition theorem of probability) (7) は覚えておきたい。

まず，公理主義的確率の完全加法性 (2) より

$$A, B \in \mathcal{F}, A \cap B = \phi \implies P(A \cup B) = P(A) + P(B) \qquad (11.2)$$

はすぐにわかる。

そこで，簡単にサイコロ投げで考えよう。「1 の目が出る」事象を A，「2 の目が出る」事象を B とする。A と B は互いに排反，すなわち「1 の目が出る，かつ，2 の目が出る」事象 $A \cap B$ は $A \cap B = \phi$ なので，「1 の目が出る，または，2 の目が出る」，すなわち「1 か 2 の目が出る」事象 $A \cup B$ の確率 $P(A \cup B)$ は $P(A \cup B) = P(A) + P(B)$ となる。実際，$P(A) = 1/6, P(B) = 1/6$ であり，$P(A \cup B) = 1/3$ である。

しかし，そうでない場合には，式 (11.2) は使えない。「1 か 6 の目が出る」事象 C と「2 か 6 の目が出る」事象 D を考えてみよう。$P(C) = 1/3, P(D) = 1/3$ だが，C と D は互いに排反ではない。すなわち「1 か 6 の目が出る，かつ，2 か 6 の目が出る」事象 $C \cap D$ は「6 の目が出る」事象となるので，$C \cap D \neq \phi$ であり，式 (11.2) の条件を満たさない。実際，「1 か 6 の目が出る，または，2 か 6 の目が出る」事象，すなわち「1 か 2 か 6 の目が出る」事象 $C \cup D$ の確率 $P(C \cup D)$ は $P(C \cup D) = 1/2$ であり，$P(C)$ と $P(D)$ を単純に足し合わせても得られない。これは，$P(C \cap D) = 1/6$ をダブルカウントしているためである。そこで，加法定理 (7) に従って，その分を引いてやればよい。確かに，

$P(C \cup D) = P(C) + P(D) - P(C \cap D) = 1/3 + 1/3 - 1/6 = 1/2$ となっている。

では，加法定理 (7) の証明を与えよう。

証明

$$A \cup B = (A \cap (B \cup B^c)) \cup ((A \cup A^c) \cap B)$$
$$= (A \cap B) \cup (A \cap B^c) \cup (A^c \cap B)$$

であり

$$(A \cap B) \cap (A \cap B^c) = A \cap (B \cap B^c) = \phi$$
$$(A \cap B^c) \cap (A^c \cap B) = (A \cap A^c) \cap (B \cap B^c) = \phi$$
$$(A^c \cap B) \cap (A \cap B) = (A \cap A^c) \cap B = \phi$$

なので，$A \cap B, A \cap B^c, A^c \cap B$ は排反である。よって

$$P(A \cup B) = P(A \cap B) + P(A \cap B^c) + P(A^c \cap B) \qquad (11.3)$$

また，$A = A \cup (B \cap B^c) = (A \cap B) \cup (A \cap B^c)$, $B = (A \cap A^c) \cup B = (A \cap B) \cup (A^c \cap B)$ に注意すると

$$P(A) = P((A \cap B) \cup (A \cap B^c)) = P(A \cap B) + P(A \cap B^c)$$
$$P(B) = P((A \cap B) \cup (A^c \cap B)) = P(A \cap B) + P(A^c \cap B)$$

(11.3) に注意しながら定式の両辺を加えると

$$P(A) + P(B) = 2P(A \cap B) + P(A \cap B^c) + P(A^c \cap B)$$
$$= P(A \cup B) + P(A \cap B)$$

よって加法定理 (7) は示された。 □

11.7 公理主義的確率から見た頻度確率の問題点

ここでは，頻度確率の何が問題になったかを，公理主義的確率から見てみよう。フォン・ミーゼスはコレクティブの定義（定義 10.1）から頻度確率を構成した。一方，コルモゴロフは，定義 11.5 から公理主義的確率をスタートさせてい

る。定義とはいえ，どちらも天下り的に認めることを要求しているので公理といえるが，問題は，片方からもう片方が導けるか，ということである。

まず，公理主義的確率の公理からコレクティブにおける二つの公理 (1)（収束性）と (2)（偶然性）が導けるか，ということだが，これはある条件の下で証明されている。(1) に対応するのが大数の法則であり，(2) に対応するのが中心極限定理である。このとき，コレクティブは公理主義的確率の下では公理ではなく，証明されるべき命題の一つでしかない。

一方，コレクティブの公理から公理主義的確率の公理が導けるか，ということだが，完全加法性の公理 (2) を導くことはできない。導くことができるのは，有限回の和演算で閉じている有限加法性のみである。つまり，頻度確率は公理主義的確率に包含されていることになる。

そもそも公理主義的確率が必要になった背景には，無限回の和演算を可能にしたいという要求があったわけで，有限加法性しか示すことができないのは頻度確率の非常に大きな弱点となる。

頻度確率と公理主義的確率の違いが顕著に表れる例として重複対数の法則がある。これは，大数の法則における極限への収束速度を与えた定理で，1924 年にヒンチンによって示された。無限回のベルヌーイ試行の相対頻度はどちらも一定値に収束してほしいし（大数の法則），収束値への近付き方は規則性を持ってほしい（重複対数の法則）と思うだろう。しかし，1939 年にヴィレによって，文献 18) の中で，定義 10.1 の p が $1/2$ のとき，重複対数の法則を満たさないコレクティブの例が示されたのである。

これらによって，頻度確率と公理主義的確率の優劣は明確になり，最終的に，頻度確率は公理主義的確率に吸収されることになった。

章 末 問 題

【1】 有限加法族の性質に関する定理 11.1 を証明せよ。
【2】 有限加法的測度の性質に関する定理 11.2 を証明せよ。
【3】 完全加法族の性質に関する定理 11.3 を証明せよ。
【4】 測度の性質に関する定理 11.4 を証明せよ。
【5】 確率測度の性質に関する定理 11.5 を証明せよ。

12 条件付き確率とベイズの定理

数学的確率から始まった確率は，測度論に基づく公理主義的確率によって数学的に堅牢なものとなった。これでやっと，さまざまな性質や定義を導入する準備が整った。ここからは，確率といえば公理主義的確率を指すものとしよう。

12.1 条件付き確率

いま，壺に 1 から 7 までの数の書かれた赤玉と白玉が入っているとしよう。赤玉には 3 の倍数，白玉には 3 の倍数以外の数が書かれている。壺の中に手を入れて玉を 1 個取り出すとき，その玉の色が赤である確率と，玉に書かれている数が 3 以下である 2 通りの確率について考えたい。

そこで，「赤玉を取り出す」という事象を A，「3 以下の数の書かれた玉を取り出す」という事象を B とする。この状況は，表 12.1 のように表すことができる。

表 12.1 壺の中の玉の個数

	3 以下	4 以上	合計
赤玉	1	1	2
白玉	2	3	5
総数	3	4	7

ここで 5 通りの場合について考えよう。

(1) 一つ目は A について，つまり玉を取り出してすぐに色を確認する場合である。このとき，A の確率は $P(A) = 2/7$ となる。表 12.1 の一番右の列に着目すればよい。

(2) 二つ目は B について，つまり玉を取り出してすぐに数を確認する場合である。このとき，B の確率は $P(B) = 3/7$ となる。表 12.1 の一番下の

行に着目すればよい。

(3) 三つ目は B に続いて A，つまり玉を取り出して 3 以下かどうかを確認し，つぎに色を確認する場合である。「色を見る前に 3 以下であることをどうやって確認するのか」という問題があるが，例えば 3 以下の数の玉には表面にくぼみがあるなどで，それが可能としよう。まず数を確認したところ，3 以下であった。すると，3 以下の玉についてのみ考えればいいことになり，3 以下の赤玉は 1 個，白玉は 2 個なので，この場合の A の確率は 1/3 になる。これを「B を条件とする A の条件付き確率」といい，$P(A|B)$ と書く。この場合は，$P(A|B) = 1/3$ である。これは，表 12.1 の「3 以下」の列に着目していることになる。

(4) 四つ目は A に続いて B，つまり玉を取り出してまず色を確認し，つぎに数を確認する場合である。まず色を確認したところ，赤であった。すると，赤玉についてのみ考えればいいことになり，3 以下の数は 3 のみの 1 個なので，この場合の B の確率は 1/2 となる。これは，「A を条件とする B の条件付き確率」，つまり $P(B|A)$ なので，$P(B|A) = 1/2$ である。これは，表 12.1 の「赤玉」の行に着目していることになる。

(5) 五つ目は，A と B を同時，つまり玉を取り出して，色と数を同時に確認する場合である。このとき，A かつ B，つまり $A \cap B$ の確率は $P(A \cap B) = 1/7$ となる。これは，表 12.1 の「赤玉」かつ「3 以下」のセルに着目していることになる。

このように，**B を条件とする A の条件付き確率** (conditional probability of A given B) とは，他の事象 B が起きるとわかっている，または起きたときに，事象 A の起きる確率のことである。そのことから，$P(A|B)$ は以下のように定義される。

$$P(A|B) = \frac{P(A \cap B)}{P(B)}$$

これを積の形に直した

$$P(A \cap B) = P(B)P(A|B) \tag{12.1}$$

を**確率の乗法定理**(multiplication theorem of probability) という。A と B の対称性から

$$P(A \cap B) = P(A)P(B|A) \tag{12.2}$$

も成り立つことに注意しよう。

12.2 事象の独立性

さて,先ほどの七つの玉の入った壺の中に,さらに「8」と書かれた白玉と,「9」と書かれた赤玉を入れたとしよう。すると,この壺の状況は**表 12.2** のようになる。

表 12.2 壺の中の玉の個数

	3以下	4以上	合計
赤玉	1	2	3
白玉	2	4	6
総数	3	6	9

先ほどと同じように,取り出した玉が3以下である場合にその玉が赤である確率 $P(A|B)$ は,表 12.2 の「3以下」の列に着目することになるので,$P(A|B) = 1/3$ となる。一方,単に取り出した玉が赤である確率 $P(A)$ は,表 12.2 の一番右の列に着目して,$P(A) = 3/9 = 1/3$ となる。つまり,事象 A の起きる確率は事象 B に影響されていない。このように

$$P(A) = P(A|B) \tag{12.3}$$

が成り立つ場合,事象 A と事象 B は**独立**(independent)であるという。

乗法定理式 (12.1) に式 (12.3) を代入すると

$$P(A \cap B) = P(A)P(B) \tag{12.4}$$

が得られる。こちらを独立の定義としてもよい。逆にいえば,A と B との積事象 $A \cap B$ の確率を A と B との確率の積で表すことができるとき,A と B は独立である。

また,A の起きる確率が B に影響されない場合,式 (12.4) と乗法定理式 (12.2) から

$$P(A \cap B) = P(A)P(B) = P(A)P(B|A)$$

であり

$$P(B) = P(B|A)$$

を導くことができる．つまり，A の起きる確率が B に影響されない場合，B の起きる確率も A に影響されない．

例 12.1 （誕生日のパラドックス）「何人集まれば，その中に同じ誕生日の人がいる確率が 1/2 以上になるか」について考える．まず，n 人いたとすると，その中に同じ誕生日の人が少なくとも 2 人以上いる確率 p を求めよう．1 年は 365 日とし，どの日も同程度の人が生まれる，すなわち，誕生日である日はすべて同程度に確からしいとする．また，明らかに $n < 365$ である．

この問題は，パスカルがフェルマーの書簡で述べたように，n 人の誕生日がすべて異なる場合の確率 q から計算することになる．1 人目の誕生日が 365 日のうちのある 1 日 d_1 である確率は 1/365，「1 人目の誕生日が d_1 である」という条件下で 2 人目の誕生日 d_2 が d_1 と異なる条件付き確率は 364/365，「1 人目の誕生日が d_1，2 人目の誕生日が d_2 である」という条件下で 3 人目の誕生日 d_3 が d_1, d_2 と異なる条件付き確率は 363/365，以下同様に，「1 人目の誕生日が d_1，$\cdots$，$n-1$ 人目の誕生日が d_{n-1} である」という条件下で n 人目の誕生日 d_n が $d_1 \sim d_{n-1}$ と異なる条件付き確率は $(365-n+1)/365$ となる．「1 人目の誕生日が d_1，$\cdots$，$n-1$ 人目の誕生日が d_{n-1} である」という事象と「n 人目の誕生日 d_n が $d_1 \sim d_{n-1}$ と異なる」という事象は独立なので，求めたい確率はこれらの確率の積で表すことができ，d_1 の取り方は 365 通りあるので

$$q = 365 \cdot \frac{1}{365} \cdot \frac{364}{365} \cdot \frac{363}{365} \cdots \frac{365-n+1}{365} = \frac{365!}{365^n (365-n)!}$$

よって

$$p = 1 - \frac{365!}{365^n (365-n)!}$$

であり，$n \geq 23$ のとき $p > 1/2$ となる．この問題は直感（365日の半分として180人くらい）と結果（23人）に大きな乖離があるという意味でパラドックスと呼ばれている．

12.3　ベイズの定理

ベイズの定理（Bayes' theorem）は，牧師でもあったイギリスの数学者ベイズが，没後にロンドン王立協会紀要に公表された論文の中で式 (12.5) を導いていたことから，その名で呼ばれるようになった．ただし，ラプラスも1774年にフランス科学アカデミー紀要に発表された論文の中で同様の式を導出していることから，**ベイズ・ラプラスの定理**（Bayes-Laplace theorem）とも呼ばれる．後述するが，ベイズの定理の中で使われている事前確率・事後確率の考え方は，確率に人間の主観を反映させることを許容するベイズ主義として，後の主観確率の嚆矢となり，統計学ではベイズ推定として開花することになる．

ベイズの定理自体は条件付き確率からすぐに導くことができる．式 (12.1) と式 (12.2) をまとめると

$$P(A \cap B) = P(B)P(A|B) = P(A)P(B|A)$$

これより，ベイズの定理が成り立つ．

定理 12.1　（ベイズの定理）　生起した事象を A，標本空間を $\Omega = \{B\}$，確率空間を $(\Omega, \mathcal{F}, P)$ としたとき

$$P(B|A) = \frac{P(A|B)P(B)}{P(A)} \tag{12.5}$$

が成り立つ。このとき，$P(B)$ は何も条件がない，いわば A が起きる前の確率なので，B の**事前確率**（prior probability）という。また，$P(B|A)$ は A が起きた後の B の確率なので，B の**事後確率**（posterior probability）という。ここでいう「事前」「事後」は，A の生起を基準としている。

これは A と B 二つの事象に関する定理なので，もう少し一般的な形に拡張しよう。そのためにまず，以下の定理を示す。

定理 12.2（全確率の定理） B_i $(i = 1, \ldots, n)$ は排反で，標本空間を $\Omega = \bigcup_{i=1}^{n} B_i$，確率空間を $(\Omega, \mathcal{F}, P)$ とする。そのとき，以下が成り立つ。

$$P(A) = \sum_{i=1}^{n} P(A|B_i)P(B_i)$$

証明 集合の分配則より

$$A = A \cap \Omega = A \cap \left(\bigcup_{i=1}^{n} B_i \right) = \bigcup_{i=1}^{n} (A \cap B_i)$$

$A \cap B_i$ $(i = 1, \ldots, n)$ は排反なので，定理 11.5 の加法定理より

$$P(A) = P\left(\bigcup_{i=1}^{n} (A \cap B_i) \right) = \sum_{i=1}^{n} P(A \cap B_i) = \sum_{i=1}^{n} P(A|B_i)P(B_i)$$

が得られる。 □

これを式 (12.5) に代入して添え字を整理すると，以下が得られる。

定理 12.3（一般的なベイズの定理） 生起した事象を A, B_j $(j = 1, \ldots, n)$ は排反で，標本空間を $\Omega = \bigcup_{j=1}^{n} B_j$，確率空間を $(\Omega, \mathcal{F}, P)$ とする。このとき，以下が成り立つ。

$$P(B_i|A) = \frac{P(A|B_i)P(B_i)}{\sum_{j=1}^{n} P(A|B_j)P(B_j)} \tag{12.6}$$

$P(B_i)$ を B_i の**事前確率**（prior probability），$P(B_i|A)$ を B_i の**事後確率**（posterior probability）という。

先に述べたように，「事前」「事後」は A の生起を基準としているので，B_i を「先に起きた事象」「A の生起の原因」「すでに決まっていたこと」「前提」などと考え，A を「後に起きた事象」「B_i による結果」などとすればイメージしやすい。

では，例を見ながらベイズの定理の意味を考えてみよう。

例 12.2 二つの壺 B_1 と B_2 があり，B_1 には赤玉 1 個と白玉 2 個，B_2 には赤玉 1 個と白玉 3 個が入っている。

いま，目を閉じて無作為にどちらかの壺に手を入れ，玉を一つ取り出す試行について考えよう。目を開けて手にした玉が赤だったとき，それぞれの壺に手を入れた確率はどう計算されるだろうか。

「赤玉を取り出した」事象を A，「白玉を取り出した」事象は A の余事象なので A^c，「壺 B_1 に手を入れた」事象を B_1，「壺 B_2 に手を入れた」事象を B_2 とすると，求めたい確率は，A を条件とする B_1 および B_2 それぞれの条件付き確率なので，$P(B_1|A)$ と $P(B_2|A)$ で表される。B_1，B_2 は A 以前から決まっていたことなので，$P(B_1|A)$ と $P(B_2|A)$ を事後確率，$P(B_1)$ と $P(B_2)$ を事前確率というのは自然に理解できるだろう。

どちらの壺を選ぶかは無作為なので，$P(B_1) = P(B_2) = 1/2$ である。また，「壺 B_1 に手を入れたときにそれが赤玉である」条件付き確率は $P(A|B_1) = 1/3$ となる。この状況を**表 12.3** で表そう。

実際に起きた事象は「赤玉を取り出した」A なので，表 12.3 の下から 2 行目に着目し，その行の

表 12.3 それぞれの壺の事前確率とそれぞれの玉の条件付き確率

	B_1	B_2
赤玉の個数	1	1
白玉の個数	2	3
$P(B_i)$	1/2	1/2
$P(A|B_i)$	1/3	1/4
$P(A^c|B_i)$	2/3	3/4
$P(A|B_i)P(B_i)$	$1/3 \times 1/2$	$1/4 \times 1/2$
$P(A^c|B_i)P(B_i)$	$2/3 \times 1/2$	$3/4 \times 1/2$

B_1 と B_2 の正規化した（和が 1 になるような）割合を求めればよい．すなわち

$$P(B_1|A) = \frac{1/3 \times 1/2}{1/3 \times 1/2 + 1/4 \times 1/2} = \frac{4}{7}$$
$$P(B_2|A) = \frac{1/4 \times 1/2}{1/3 \times 1/2 + 1/4 \times 1/2} = \frac{3}{7}$$

この例で見ればわかるように，式 (12.6) の分母は正規化という意味になる．

また，つぎの点に注意しよう．B_1 を「1 から 3 までの数の書かれた玉」，B_2 を「4 から 7 までの数の書かれた玉」とすれば，この例は表 12.1 と同じに見える．しかし，この例の場合は，B_1 と B_2 は無作為に選ばれるので $P(B_1) = P(B_2) = 1/2$ であり，一方，表 12.1 では，すべてが一つの壺に入っていたので $P(B_1) = 3/7$ および $P(B_2) = 4/7$ となる点が異なる．

ベイズの定理は，$P(B_i|A)$ という A を条件とする B_i の条件付き確率を求める式だが，これは，A という結果が得られたときに，その原因となる B_i がどういう確率で生起していたのかを計算するもので，荒い言い方をすれば，結果から原因を推定する手法の一つとなっている．実際，例 12.2 で求めた条件付き確率 $P(B_i|A)$ は，「赤玉を取り出したときにどちらの壺に手を入れていたか」を推定するための値とみなすことができ，B_1 に手を入れていた確率の方が高い．

┌─ コーヒーブレイク ─

モンティ・ホール問題の名は，モンティ・ホールという司会者がこれと同様のゲームをテレビ番組で行っていたことに由来するが，原型は三囚人問題のように古くからある．1990 年にマリリン・ヴォス・サヴァントが米紙 Parade の中のコラム「Ask Marilyn」で，読者からの質問への回答という形で解を掲載したところ，確率的手法の第一人者であった数学者のポール・エルデシュも交えた大論争が勃発した．最終的にはサヴァントの正しさが証明されたが，エルデシュのような大数学者までもが間違えるほど直感と反する解であることが衝撃的である．ただし，エルデシュは章末問題【 1 】を【 2 】のように誤解していたらしいが．

このように，ベイズの定理を用いた推定は**ベイズ推定**（Bayes estimation）と呼ばれ，現在最も有力な推定方法の一つである．

章 末 問 題

【1】 いま，つぎのようなゲームでプレーヤが賞品を獲得しようとしているとする．まず，目の前に A，B，C の三つのドアがあり，そのうちの一つのドアの後ろに賞品が隠されている．賞品が隠されているドアを開けることができれば，賞品はプレーヤのものとなる．

　　プレーヤがドアを一つ，例えば A を選んだ時点で，A を開ける前に，司会者は残りの二つのドア B，C のうち，賞品が隠されていない方のドア，例えば B を開け，賞品がないことをあなたに見せて，「では，あなたは選んだドアを変えますか？」と尋ねてくる（司会者がこのような選択の機会をプレーヤに与えることは，プレーヤにあらかじめ知らされているものとする）．

　　司会者はどのドアの後ろに賞品があるかを知っているので，プレーヤが最初に選んだドアの後ろに賞品があれば，司会者は開けるドアを無作為に選ぶ．また，もしもプレーヤが最初に選んだドアの後ろに賞品がなければ，残りのドアのどちらかに必ず賞品があるので，司会者が開けるドアは自ずから決まってくる．

　　この場合，プレーヤは A を C に変更した方がいいか，そのまま A の方がいいか，A と C のどちらにしても状況は変わらないか，三つから一つを選び，理由を述べよ（モンティ・ホール問題（Monty Hall problem））．

【2】 モンティ・ホール問題で，括弧の中の条件がない場合，つまり，司会者は，途中でドアを一つ開いて，選んだドアを変えるチャンスをくれるとは限らない場合，どうなるか考察せよ．

【3】 5 回に 1 回の割合で帽子を忘れるくせのある K 君が，正月に A，B，C 3 軒を順に年始回りをして家に帰ったとき，帽子を忘れてきたことに気が付いた．2 軒目の家 B に忘れてきた確率を求めよ（早稲田大学文学部 1976 年入試）．

13 確率変数と確率密度・確率分布

公理主義的確率を理解するためには，確率変数の概念を把握することが非常に重要になるが，「確率変数は試行の結果を数値で表したもの」という，かなり不正確な説明で終わっている場合が多い。そこでまず，できるだけわかりやすい確率変数の説明を試み，その後に確率変数や確率分布について述べる。確率変数が理解できれば，確率密度や確率分布も見通しがすっきりする。

13.1 確率変数と確率分布

13.1.1 確率変数

（1） **確率変数の定義**　確率論の一つの到達点である公理主義的確率では，確率は集合に対して定められている。この集合は，完全加法族である必要があるが，あくまで現象の集まりであり，普通はこのままで扱うことは難しい。そこで，それぞれの現象を数値に変換して表現すると，さまざまな扱いが可能となり，都合がよい。

そこでしばしば「確率変数は試行の結果を数値で表したもの」と説明される。例えば1個のコイン投げの場合，「表が出た」根元事象を1，「裏が出た」根元事象を0としたものが確率変数であるといわれる。それは間違っていないが，正確でもない。もう少し詳細な理解が必要である。

例えば「コインを3回投げる」試行で，「表がx回出る」事象について考えてみよう。当然，$x \in \{0, 1, 2, 3\}$となる。既出の例と同様，表をH，裏をTで表し，その結果を(a_1, a_2, a_3) $(a_1, a_2, a_3 \in \{H, T\})$という組にして表すことにす

る。この場合の起こり得る結果の集合，すなわち Ω は

$$\Omega = \left\{ \begin{array}{llll} (H,H,H), & (H,H,T), & (H,T,H), & (H,T,T), \\ (T,H,H), & (T,H,T), & (T,T,H), & (T,T,T) \end{array} \right\} \quad (13.1)$$

となる。Ω の部分集合から生成される完全加法族を $\mathcal{F}$ とし，また，Ω の要素 ω にすべて確率 $P(\omega) = 1/8$ を対応させる。これで確率空間を構成することができた。

さて，この確率空間における各要素について，対応する表の数を X と書こう。すると X の持つ意味はつぎのようになる。

(1) $X = 3 \iff$ 表の数は 3，裏の数は 0 である。
(2) $X = 2 \iff$ 表の数は 2，裏の数は 1 である。
(3) $X = 1 \iff$ 表の数は 1，裏の数は 2 である。
(4) $X = 0 \iff$ 表の数は 0，裏の数は 3 である。

そこで，この場合分けと ω との対応について考える。例えば，$\omega = (H,H,H)$ は「表の数は 3，裏の数は 0」，つまり $X = 3$ を意味するし，$\omega = (H,H,T)$ は「表の数は 2，裏の数は 1」，つまり $X = 2$ を意味する。ω を上述で場合分けすると，つぎのようになる。

(1) $X = 3 \iff \omega = (H,H,H)$
(2) $X = 2 \iff \omega = (H,H,T), (H,T,H), (T,H,H)$
(3) $X = 1 \iff \omega = (H,T,T), (T,H,T), (T,T,H)$
(4) $X = 0 \iff \omega = (T,T,T)$

このように，Ω の各要素 ω について，表の数 X を対応させることができる。すなわち，X は ω の関数であり，正確には $X(\omega)$ と書くべきものであることがわかる。

この X を用いて，「表が x 回出る」事象の確率，つまり $X(\omega) = x$ となる確率 $P(\{\omega \in \Omega \mid X(\omega) = x\})$†について書くと，つぎのようになる。

$$P(\{\omega \in \Omega \mid X(\omega) = 3\}) = P(\{(H,H,H)\}) = \frac{1}{8} \quad (13.2)$$

---

† P の中の $\{\omega \in \Omega \mid X(\omega) = x\}$ は集合であることに注意しよう。

$$P(\{\omega \in \Omega \mid X(\omega) = 2\}) = P(\{(H,H,T),(H,T,H),(T,H,H)\})$$
$$= \frac{3}{8} \tag{13.3}$$
$$P(\{\omega \in \Omega \mid X(\omega) = 1\}) = P(\{(H,T,T),(T,H,T),(T,T,H)\})$$
$$= \frac{3}{8} \tag{13.4}$$
$$P(\{\omega \in \Omega \mid X(\omega) = 0\}) = P(\{(T,T,T)\}) = \frac{1}{8} \tag{13.5}$$

となる.ここで重要なことは,式 (13.2)〜(13.5) の左式と中央の式を見比べればわかるように,表と裏のすべての組合せである ω に代わり,$0 \sim 3$ の値を表す $X(\omega)$ によって確率が決められている,ということである.

多くの場合,われわれが知りたいのは試行の詳細な情報やすべての組合せではなく,試行によって生じる結果の簡潔な性質である.この例の場合も,表現したいのは「表が x 回出る」事象の確率であって,すべての事象の完全な情報や組合せではない.関数 X を導入し,ω の代わりに $X(\omega)$ によって確率を論じると,事象を簡潔にまとめるだけでなく,H や T の組合せで表現していた事象を実数で表現することができ,扱いに何かと都合が良くなる.そこで,$(\Omega, \mathcal{F}, P)$ に加えて,関数 $X(\omega)$ を併せて考えるのである.すでに確率空間 $(\Omega, \mathcal{F}, P)$ が設定されているところに $X(\omega)$ を導入するので,$X(\omega)$ の値は計算できるはずである.このような関数 X を**確率変数** (random variable) という.確率変数は関数であることに注意してほしい.

もう一つ例を示そう.「サイコロを 1 個振って偶数が出る」事象について考える.サイコロの目は $1 \sim 6$ なので,$\Omega = \{1, \ldots, 6\}$,$\mathcal{F}$ は Ω の部分集合から生成される完全加法族,$P(\{1\}) = \cdots = P(\{6\}) = 1/6$ とすると,$(\Omega, \mathcal{F}, P)$ は確率空間となる.また,いまは出た目が偶数かどうかだけが問題なので

$$X(\omega) = \begin{cases} 1 & (\omega = 2, 4, 6) \\ 0 & (\omega = 1, 3, 5) \end{cases}$$

という確率変数 X を導入することができ

$$P(\{\omega \in \Omega \mid X(\omega) = 1\}) = P(\{2,4,6\}) = \frac{1}{2}$$
$$P(\{\omega \in \Omega \mid X(\omega) = 0\}) = P(\{1,3,5\}) = \frac{1}{2}$$

となる.

さらにこれから敷衍すると,「サイコロを 1 個振って x の目が出る」事象について, つぎのような確率変数 X を導入することもできる.

$$X(\omega) = \omega$$

つまり, サイコロを振ったときに x の目の出る確率 $P(x)$, または $P(X = x)$ は, 実は $P(\{\omega \in \Omega \mid X(\omega) = \omega = x\})$ の略記法であった. 同じように,「サイコロを 1 個振って x 以下の目が出る」事象の確率 $P(X \leq x)$ は

$$P(X \leq x) = P(\{\omega \in \Omega \mid X(\omega) = \omega \leq x\})$$

で, いちいちこう書いていられないから簡単に書くことにしているのである.

では, 確率変数の正確な定義を与えよう.

定義 13.1 (確率変数) 確率空間 $(\Omega, \mathcal{F}, P)$ と可測空間 $(S, \mathcal{S})$ が与えられたとする. 関数 $X : \Omega \to S$ が $\mathcal{F}$-可測, すなわち

$$X^{-1}(A) = \{\omega \in \Omega \mid X(\omega) \in A\} \in \mathcal{F} \quad (\forall A \in \mathcal{S})$$

のとき, X を**確率変数** (random variable) という. 特に $S = \mathbb{R}$, $\mathcal{S} = \mathcal{B}_1$ のとき, X を**実数値確率変数** (real-valued random variable) という.

実数値確率変数でない確率変数 (実数値を取らない確率変数) が必要な場合もあるが, 通常, 確率変数というと実数値確率変数のことなので, 本書でも特別に断らない限り, そのようにする. $\mathcal{F}$-可測という概念を持ち出しているのは, 確率空間を定義するときに完全加法族を持ち出した理由と同じで, 病的な集合を相手にしないためと思えばよい.

(**2**) **確率変数の導入の意義**　確率変数をきちんと定義したところで，ここまでの議論を振り返って，なぜ一見ややこしそうな確率変数というものを導入するのか，改めて見ていく。

普通の確率空間 $(\Omega, \mathcal{F}, P)$ では，$\Omega = \{\,$表, 裏$\,\}$ や $\Omega = \{\,$赤, 白$\,\}$ など，多種多様の状況が出てくる。これはややこしい。できるだけすっきり議論したい。そのためには，いろいろな形を持つ確率空間を同じフォーマットに統一させたい。そこで，確率変数 X なる関数を持ち出して，多種多様の確率空間を同一フォーマットの関数空間に写像してしまおう，というのが，確率変数を導入する，ざっくりした意図である。

もう少し詳しくいうと，確率変数 X は Ω から $\mathbb{R}$ への写像なので，X によって Ω の代わりに $\mathbb{R}$ を使う。つぎに，$\Phi(A) = P(X^{-1}(A))$ という関数 $\Phi : \mathcal{B}_1 \to [0, 1]$ を導入する。$X^{-1}(A)$ は，X によって $A \in \mathcal{B}_1$ に写像された $\omega \in \Omega$ の集合なので，$\mathcal{F}$ の要素となる。だから，確率 $P(X^{-1}(A))$ を求めることができ，Φ が確率測度になることもほぼ明らかだろう。そこで，$\mathcal{F}$ の代わりに $\mathcal{B}_1$ を，P の代わりに Φ を使う。けっきょく，$(\Omega, \mathcal{F}, P)$ の代わりに，X によって $(\mathbb{R}, \mathcal{B}_1, \Phi)$ を導入し，確率空間として使えば，同じ議論ができることになる。$\Omega = \{\,$表, 裏$\,\}$ や $\Omega = \{\,$赤, 白$\,\}$ などではなく，どの事象についても $\mathbb{R}$ 上で議論できてうれしい。それが確率変数 X を導入する目的である。

(**3**) **確率変数の性質**　確率変数に関するいくつかの性質を証明なしで示しておこう。

定理 13.1　(確率変数の性質)　$X(\omega), Y(\omega)$ を確率変数，c を定数とするとき，以下が成り立つ。

(1)　$X(\omega) + c,\ cX(\omega)$ は確率変数である。

(2)　$X(\omega) + Y(\omega)$ は確率変数である。

(3)　$X(\omega)Y(\omega)$ は確率変数である。

(4)　$\{\omega \in \Omega \mid X(\omega) > Y(\omega)\} \in \mathcal{B}_1$

13.1.2 確率変数の独立性

二つの確率変数が出たので，確率変数の独立性について説明しよう．確率変数にも事象と同様，独立という概念がある．確率変数 X と Y が任意の $A \in \mathcal{B}_1$ と $B \in \mathcal{B}_1$ に対して

$$P(X \in A \text{ and } Y \in B) = P(X \in A)P(Y \in B)$$

を満たすとき，X と Y は**独立**（independent）という．一般化すると以下のような定義になる．

定義 13.2 (確率変数の独立性) $(S_i, \mathcal{S}_i)$ を可測空間とする．確率空間 $(\Omega, \mathcal{F}, P)$ で定義された n 個の確率変数 $X_i : \Omega \to S_i$ $(i = 1, \ldots, n)$ が，任意の $A_i \in \mathcal{S}_i$ について

$$P(X_1 \in A_1 \text{ and } \ldots \text{ and } X_n \in A_n) = \prod_{i=1}^{n} P(X_i \in A_i)$$

を満たすとき，$X_1, \ldots, X_n$ は互いに独立という．

13.1.3 確 率 分 布

さて，確率変数（何回もいうが，関数である）X が与えられたとき，この X の各値がどのように分布しているか知りたい．この分布を**確率分布**（probability distribution）といい，その分布の様子を関数として表したものが確率分布関数である．確率分布はあくまで，X の各値である $\mathbb{R}$ と $\mathcal{B}_1$ に対してであって，Ω と $\mathcal{F}$ に対してではない．

定義 13.3 (確率分布) 確率測度 $\mu = P \circ X^{-1} : \mathcal{B}_1 \to [0,1]$ を確率変数の確率分布という．具体的には

$$\mu(A) = P(\{\omega \in \Omega \mid X(\omega) \in A \in \mathcal{B}_1\})$$

である。

ここで，集合 A の形を限定して $(-\infty, x]$ としよう。そのときの μ が X の確率分布関数と定義される。

定義 13.4 (確率分布関数) 確率分布 μ において $A = (-\infty, x]$ としたときの以下の関数 $F : \mathbb{R} \to [0,1]$ を**累積確率分布関数** (cumulative probability distribution function)，または単に**確率分布関数** (probability distribution function) という。

$$F(x) = \mu((-\infty, x]) = P(\{\omega \in \Omega \mid X(\omega) \in (-\infty, x]\}) = P(X \leq x)$$

すなわち，$F(x) = P(X \leq x)$ である。

累積というのは，X が $-\infty$ から x まで足し合わされ，積み重なっているイメージから来ている。

定義より，確率変数 X が与えられると，$F(x) = P(X \leq x)$ によって確率分布関数 F を作ることができる。逆に確率分布関数 F が与えられている場合，F は $\mathbb{R}$ 上で定義されているから，$\mathbb{R}$ の 1 次元ボレル集合体 $\mathcal{B}_1$ 上で確率を定めることができる。その確率を Φ とすると，確率空間 $(\mathbb{R}, \mathcal{B}_1, \Phi)$ を考えることができるので，$x \in \mathbb{R}$ に対して確率変数を恒等写像 $X(x) = x$ とすれば，F に対応する確率変数 X を作ることができる。

13.2 離散型と連続型の確率分布

確率分布は確率変数の取る値で離散型と連続型を考えることができる。
例を示しながらそれらについて説明しよう。

13.2.1 離散確率分布

コイン投げやサイコロ振りのように，確率変数 X が可算集合 $\{x_1, x_2, \dots\}$ の中の値を取るとき，X を**離散確率変数**（discrete random variable）といい，そのような確率分布を**離散確率分布**（discrete probability distribution）という。この場合のそれぞれの確率変数の値 $X(\omega)$ に対応する確率 $P(X = x_i)$ は，つぎの関数

$$f(x) = \begin{cases} p_i & (x = x_i) \\ 0 & (その他) \end{cases} \quad (i = 1, 2, \dots)$$

を使って

$$P(X = x_i) = f(x_i) \quad (i = 1, 2, \dots)$$

と定義される。もちろん

$$\sum_{i=1}^{\infty} P(X = x_i) = \sum_{i=1}^{\infty} f(x_i) = 1 \iff \sum_{i=1}^{\infty} p_i = 1$$

である。このような離散確率分布の f を**確率質量関数**（probability mass function），または単に**確率関数**（probability function）という。

代表的な離散確率分布の例として，離散一様分布（13.4.1 項参照），二項分布（13.4.2 項参照），ポアソン分布（13.4.3 項参照），超幾何分布（13.4.4 項参照）を挙げておこう。

13.2.2 連続型の確率分布

確率変数 X の値を離散値から連続値に拡張することは自然な考えである。特に時間軸で確率を考えるとき，連続値の考えを入れざるを得ない。確率変数 X が連続値を取るとき，X を**連続確率変数**（continuous random variable）といい，そのような確率分布を**連続確率分布**（continuous probability distribution）という。この場合，確率変数は連続値なので，確率 P は

$$P(a \leqq X \leqq b) = P(\{\omega \in \Omega \mid a \leqq X(\omega) \leqq b\}) = \int_a^b f(x)dx$$

として表される．確率測度なので，すべての x について $f(x) \geqq 0$ であり

$$\int_{-\infty}^{\infty} f(x) = 1$$

も当然成り立つ．このような連続確率分布の f を**確率密度関数**（probability density function），または単に**密度関数**（density function）という．累積確率分布関数 F と確率密度関数 f にはつぎの関係がある．

$$F(x) = P(X \leqq x) = \int_{-\infty}^x f(x)dx \tag{13.6}$$

確率密度関数は初等関数で書けることが多いが，式 (13.6) のようにその積分である累積確率分布関数は初等関数では書けないため，連続確率分布の場合，通常は確率密度関数を用いて記述される．

また，$a = b$ の場合，$P(X = a) = 0$ となるので，連続確率分布と違い，離散確率分布では 1 点の確率は 0 になることに注意しておこう．

代表的な連続確率分布の例として，連続一様分布（13.5.1 項参照），指数分布（13.5.2 項参照），正規分布（13.5.4 項参照）を挙げておく．

13.3　確率変数の期待値と分散

13.3.1　期　　待　　値

8.3 節で期待値について述べたが，それは公理主義的確率以前のプリミティブなものであった．改めて，公理主義的確率を土台として，確率変数の立場から期待値を定義し直そう．

定義 13.5（期待値）　確率空間 $(\Omega, \mathcal{F}, P)$ 上の実数値確率変数 $X : \Omega \to \mathbb{R}$ の**期待値**（expected value）$E(X)$ とは，確率変数の取る値の，確率による重み付き平均のことであり，以下で定義される．

(1) 離散確率分布の場合：$\Omega = \{\omega_1, \omega_2, \dots\}$ に対して，$X : \Omega \ni \omega_i \mapsto$

$x_i \in \mathbb{R}$ を確率変数,f を確率質量関数として
$$E(X) = \sum_{i=1}^{\infty} x_i P(X = x_i) = \sum_{i=1}^{\infty} x_i f(x_i)$$
と定義される。

(2) **連続確率分布の場合**:f を確率密度関数として
$$E(X) = \int_{\Omega} X(\omega) dP(\omega) = \int_{-\infty}^{\infty} x dF(x) = \int_{-\infty}^{\infty} x f(x) dx$$
と定義される。

期待値はしばしば μ でも表される。

離散確率分布は 8.3 節で述べたホイヘンスによる期待値とほぼ同じものであり,連続確率分布は離散確率分布の非可算集合への自然な拡張となっている。期待値の性質について示しておくが,定義から比較的明らかであろう。

定理 13.2 a, b を定数としたとき,確率変数 X, Y の期待値 E について以下が成り立つ。

(1) $E(aX + bY) = aE(X) + bE(Y)$ (**期待値の線形性**)(linearity of expected value)

(2) $E(a) = a$

(3) $X \leq Y \implies E(X) \leq E(Y)$ (**期待値の単調性**)(monotonicity of expected value)

また,**イェンゼンの不等式**(Jensen's inequality)と呼ばれるつぎの定理は統計学において重要となる。

定理 13.3 (イェンゼンの不等式) $g : \mathbb{R} \to \mathbb{R}$ を凸関数としたとき

$$g(E(X)) \leq E(g(X))$$

13.3 確率変数の期待値と分散

証明 g は凸なので,任意の x_0 に対して,$h(x_0) = g(x_0)$ かつすべての x について $h(x) \leqq g(x)$ となる関数 $h(x) = ax + b$ $(a, b \in \mathbb{R})$ が存在する。そこで,$x_0 = E(X)$ とすると,定理 13.2 より

$$g(E(X)) = g(x_0) = h(x_0)$$
$$= ax_0 + b = aE(X) + b = E(aX + b) = E(h(X))$$
$$\leqq E(g(X))$$

なので成立する。 □

13.3.2 分散と標準偏差

期待値が確率分布の性質を知るための重要な情報であることは間違いない。しかし期待値以外にも,役に立つ指標がある。それが,確率変数の「ばらつき」を示す**分散**(variance)である。

例えば,つぎの二つの試行について考える。

(1) **サイコロを 1 個振ったとき**:出た目を確率変数 X とすると,$E(X) = 7/2$。確率は**表 13.1** のとおりである。

表 13.1 サイコロを 1 個振ったときに出る目の確率

X	1	2	3	4	5	6
$P(X)$	1/6	1/6	1/6	1/6	1/6	1/6

(2) **サイコロを 2 個振ったとき**:出た目の相加平均を確率変数 Y とすると,$E(Y) = 7/2$。確率は**表 13.2** のとおりである。

表 13.2 サイコロを 2 個振ったに出る目の相加平均の確率

Y	1	3/2	2	5/2	3	7/2
$P(Y)$	1/36	2/36	3/36	4/36	5/36	6/36
Y	4	9/2	5	11/2	6	
$P(Y)$	5/36	4/36	3/36	2/36	1/36	

これら二つの平均は等しいし,確率変数もともに 1 から 6 の間に分布しているが,表 13.1 と表 13.2 を比べればわかるように,ばらつきはまったく違う。そこ

で,このばらつきを数値化できれば,確率分布の性質を表す指標になるだろう。

各確率変数のばらつきは,期待値との差を基にするのが自然である。その差を,期待値と同じように確率で重み付き平均を取れば,ばらつきを表す指標の一つとなる。しかし,もし単に差にすると,$X - \mu$ と $-(X - \mu)$ が相殺され,ばらつきを表すことができない。それを避けるために $|X - \mu|$ を使う手もあるが,絶対値は扱いにくいので,$(X - \mu)^2$ を使うことにしよう。

定義 13.6 (分散・標準偏差)　確率空間 $(\Omega, \mathcal{F}, P)$ 上の実数値確率変数 $X : \Omega \to \mathbb{R}$ の**分散** (variance) $V(X)$ とは,確率変数 X と期待値 $E(X) = \mu$ の差の 2 乗の,確率による重み付き平均,すなわち

$$V(X) = E\left((X - E(X))^2\right) = E\left((X - \mu)^2\right)$$

のことであり,以下で定義される。

(1) **離散確率分布の場合**:$\Omega = \{\omega_1, \omega_2, \dots\}$ に対して,$X : \Omega \ni \omega_i \mapsto x_i \in \mathbb{R}$ を確率変数,f を確率質量関数として

$$V(X) = \sum_{i=1}^{\infty} (x_i - \mu)^2 P(X = x_i) = \sum_{i=1}^{\infty} (x_i - \mu)^2 f(x_i) \tag{13.7}$$

と定義される。

(2) **連続確率分布の場合**:$X : \Omega \ni \omega \mapsto x \in \mathbb{R}$ を確率変数,f を確率密度関数として

$$\begin{aligned} V(X) &= \int_{\Omega} (X(\omega) - \mu)^2 \, dP(\omega) \\ &= \int_{-\infty}^{\infty} (x - \mu)^2 dF(x) = \int_{-\infty}^{\infty} (x - \mu)^2 f(x) dx \end{aligned} \tag{13.8}$$

と定義される。

また，分散 $V(X)$ の平方根 $\sqrt{V(X)}$ を X の**標準偏差** (standard deviation) という。標準偏差はしばしば σ でも表される。そのとき，分散は σ^2 となる。

では，分散の性質について示しておこう。

定理 13.4 （分散の性質） a を定数としたとき，確率変数 X の平均 E と分散 V について以下が成り立つ。

(1) $V(X) = E(X^2) - (E(X))^2$

(2) $V(X + a) = V(X)$

(3) $V(aX) = a^2 V(X)$

(4) $V(a) = 0$

(5) 二つの確率変数 X と Y に対して

$$\mathrm{Cov}(X, Y) = E\left((X - E(X))(Y - E(Y))\right)$$

と置いたとき

$$V(X + Y) = V(X) + 2\,\mathrm{Cov}(X, Y) + V(Y)$$

$\mathrm{Cov}(X, Y)$ を X と Y の**共分散** (covariance) という。

証明

(1) 定理 13.2 から

$$\begin{aligned} V(X) &= E\left((X - \mu)^2\right) = E(X^2 - 2\mu X + \mu^2) \\ &= E(X^2) - 2\mu E(X) + E(\mu^2) = E(X^2) - \mu^2 \\ &= E(X^2) - (E(X))^2 \end{aligned}$$

(5) 定理 13.2 から

$$\begin{aligned} \mathrm{Cov}(X, Y) &= E\left((X - E(X))(Y - E(Y))\right) \\ &= E\left(XY - E(X)Y - XE(Y) + E(X)E(Y)\right) \end{aligned}$$

$$= E(XY) - E(X)E(Y)$$

よって

$$\begin{aligned}
V(X+Y) &= E\left((X+Y)^2\right) - E(X+Y)^2 \\
&= E(X^2 + 2XY + Y^2) - (E(X) + E(Y))^2 \\
&= E(X^2) + 2E(XY) + E(Y^2) \\
&\quad - E(X)^2 - 2E(X)E(Y) - E(Y)^2 \\
&= V(X) + 2\operatorname{Cov}(X,Y) + V(Y)
\end{aligned}$$

他については，(1) および定理 13.2 から容易に示すことができる。□

特に (1) は重要であり，実際に分散を計算するときには，式 (13.7) や式 (13.8) をそのまま使うのではなく，(1) を用いた方が簡単に求められる。つまり，分散は「2 乗の平均 − 平均の 2 乗」である。

つぎの二つの定理は確率論において最も重要な定理である。後者の**チェビシェフの不等式**（Chebyshev's inequality）は，**マルコフの不等式**（Markov's inequality）の特別な場合として証明できるが，重要な点は，どのような確率変数においても，期待値と分散さえわかれば，確率が不等式として与えられるということである。また，大数の弱法則の証明にも使われる。

定理 13.5（マルコフの不等式）　確率空間 $(\Omega, \mathcal{F}, P)$ 上の確率変数 $X : \Omega \to \mathbb{R}$ と任意の実数 $a > 0$ に対して

$$P(|X| \geqq a) \leqq \frac{E(|X|)}{a} \tag{13.9}$$

証明　事象 $\{\omega \in \Omega \mid X(\omega) \geqq a\}$ が起きたとき 1，事象 $\{\omega \in \Omega \mid X(\omega) < a\}$ が起きたとき 0 になるような確率変数 $I : \Omega \to \{0, 1\}$ を考える。

$$aI \leqq |X|$$

なので，期待値の単調性より

$$E(aI) \leq E(|X|)$$

一方

$$E(aI) = aE(I) = aP(|X| \geq a)$$

よって

$$aP(|X| \geq a) \leq E(|X|)$$

より成立する。 □

定理 13.6 (チェビシェフの不等式) 確率空間 $(\Omega, \mathcal{F}, P)$ 上で,期待値が $\mu < \infty$,分散が $\sigma^2 < \infty$ である確率変数 $X : \Omega \to \mathbb{R}$ と,任意の実数 $k > 0$ に対して

$$P(|X - \mu| \geq k\sigma) \leq \frac{1}{k^2} \tag{13.10}$$

証明 マルコフの不等式 (13.9) において,X の代わりに $(X-\mu)^2$,a の代わりに $(k\sigma)^2$ とすると,分散の定義より

$$E\left((X-\mu)^2\right) = \sigma^2$$

なので成立する。 □

13.3.3 標 準 化

いろいろな確率分布を比較したいとき,期待値と分散 (または標準偏差) を揃えれば比較しやすい。そのように,期待値を 0,分散を 0 に変換する操作を**標準化** (standardization) という。

元の確率変数 X に代わり,つぎの確率変数 Z を導入する。

$$Z = \frac{X - E(X)}{\sqrt{V(X)}}$$

このとき

$$E(Z) = E\left(\frac{X - E(X)}{\sqrt{V(X)}}\right) = \frac{1}{\sqrt{V(X)}} E(X - E(X))$$
$$= \frac{1}{\sqrt{V(X)}} (E(X) - E(X)) = 0$$
$$V(Z) = V\left(\frac{X - E(X)}{\sqrt{V(X)}}\right) = \frac{1}{V(X)} V(X - E(X))$$
$$= \frac{1}{V(X)} V(X) = 1$$

なので，期待値は 0，分散は 1 となる．

13.3.4 モーメント

期待値と分散を用いれば，確率分布の大まかな状況は把握できる．すべての情報を表現するためには，確率分布自体を表現するしか手がないが，期待値と分散よりはもう少し細かい情報がほしい，ということもあるだろう．

そこで使われるのが，**モーメント**（moment），または**積率**（moment）という概念である．といっても，分散とまったく違うもの，というわけではない．分散は確率変数 X と期待値 $E(X) = \mu$ の差の 2 乗の，確率による重み付き平均と定義された．モーメントは期待値や分散を一般化したもので，確率変数 X と期待値 $E(X) = \mu$ の差の n 乗の，確率による重み付き平均であり，分散と同様，例えば分布の非対称性を示す歪度や，分布のとがり具合を示す尖度といった，分布のばらつきを示す指標になっている．

定義 13.7（モーメント） 確率空間 $(\Omega, \mathcal{F}, P)$ 上の実数値確率変数 $X : \Omega \to \mathbb{R}$ の n 次のモーメント，または積率 $M_n(X)$ とは，確率変数 X と期待値 $E(X) = \mu$ の差の n 乗の，確率による重み付き平均，すなわち

$$M_n(X) = E\left((X - E(X))^n\right) = E\left((X - \mu)^n\right)$$

のことであり，以下で定義される．

(1) 離散確率分布の場合：$\Omega = \{\omega_1, \omega_2, \dots\}$ に対して，$X : \Omega \ni \omega_i \mapsto$

$x_i \in \mathbb{R}$ を確率変数，f を確率質量関数として

$$M_n(X) = \sum_{i=1}^{\infty}(x_i - \mu)^n P(X = x_i) = \sum_{i=1}^{\infty}(x_i - \mu)^n f(x_i)$$
(13.11)

と定義される。

(2) **連続確率分布の場合**：$X : \Omega \ni \omega \mapsto x \in \mathbb{R}$ を確率変数，f を確率密度関数として

$$\begin{aligned}M_n(X) &= \int_{\Omega}(X(\omega) - \mu)^n \, dP(\omega) \\ &= \int_{-\infty}^{\infty}(x - \mu)^n dF(x) = \int_{-\infty}^{\infty}(x - \mu)^n f(x)dx\end{aligned}$$
(13.12)

と定義される。

$M_1(X) = 0, M_2(X) = V(X)$ となる。

2次のモーメントは分散になる。また，3次のモーメントは歪度と，4次のモーメントは尖度と深い関係がある。モーメントを**モーメント母関数** (moment-generating function)，またはその複素数バージョンである特性関数という関数を使って表現すると種々の計算に都合が良いが，ここでは説明しない。

13.4 離散確率分布の例

では，確率分布の例を，離散型と連続型に分け，期待値や分散とともに見ていこう。まず離散分布の例として，離散一様分布，二項分布，ポアソン分布，超幾何分布について述べる。

13.4.1 離散一様分布

正の整数 n に対して，確率質量関数が

$$f(x) = \begin{cases} \dfrac{1}{n} & (x = x_i) \\ 0 & (その他) \end{cases} \quad (i = 1, \ldots, n)$$

によって定義される確率分布を**離散一様分布**（discrete uniform distribution）という。期待値と分散はそれぞれ

$$E(X) = \frac{n+1}{2}, \ V(X) = \frac{n^2 - 1}{12}$$

となる。図 **13.1** に離散一様分布の確率質量関数の例を，図 **13.2** に累積確率分布関数の例を示す。

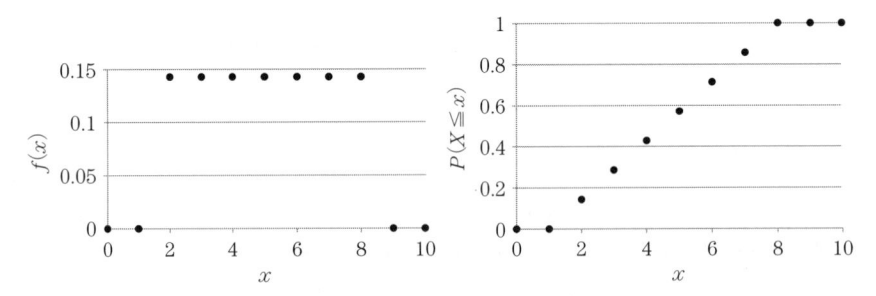

図 **13.1** 離散一様分布の確率質量関数の例（$n = 7$ の場合）　図 **13.2** 離散一様分布の累積確率分布関数の例（$n = 7$ の場合）

13.4.2 二 項 分 布

二項分布（binomial distribution）は，二つの結果 H と T がそれぞれ p と $1-p$ の確率で起こるベルヌーイ試行を n 回試行したとき，H が x 回起きる確率を示したものである。確率質量関数は

$$f(x) = \begin{cases} \dbinom{n}{x} p^x (1-p)^{n-x} & (x = 0, \ldots, n) \\ 0 & (その他) \end{cases}$$

によって定義される。二項分布の確率分布を $\mathrm{Bi}(n, p)$ と書き，特に $\mathrm{Bi}(1, p)$ を**ベルヌーイ分布**（Bernoulli distribution）という。$\mathrm{Bi}(n, p)$ の期待値と分散はそ

それぞれ

$$E(X) = np,\ V(X) = np(1-p)$$

となる。図 **13.3** に二項分布の確率質量関数の例を，図 **13.4** に累積確率分布関数の例を示す。

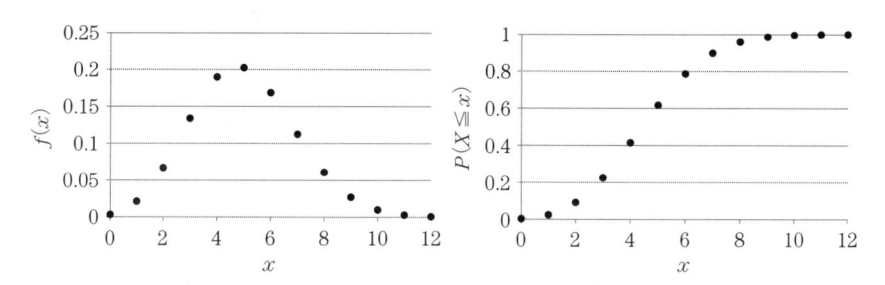

図 13.3　二項分布の確率質量関数の例（$n=20,\ p=0.25$ の場合）

図 13.4　二項分布の累積確率分布関数の例（$n=20,\ p=0.25$ の場合）

13.4.3　ポアソン分布

二項分布において，n が非常に大きく，p が非常に小さい場合を考える。例えば営業活動において，数多くの訪問下にも関わらず成立件数が非常に小さいような場合である。とはいえ，np まで発散することはないであろう。そこで，$np \to \lambda$ を満たしつつ $n \to \infty$ かつ $p \to 0$ になるような場合を考える。すると二項分布は**ポアソンの少数の法則**（Poisson's law of small numbers）によって

$$\binom{n}{x} p^x (1-p)^{n-x} \longrightarrow \frac{\lambda^x e^{-\lambda}}{x!}$$

となる。このとき確率質量関数が

$$f(x) = \begin{cases} \dfrac{\lambda^x e^{-\lambda}}{x!} & (x=0,\ldots,n) \\ 0 & (\text{その他}) \end{cases}$$

によって定義された確率分布を**ポアソン分布**（Poisson distribution）という。期待値と分散はそれぞれ

$$E(X) = \lambda, \ V(X) = \lambda$$

となる．期待値と分散が同じ値になるのがポアソン分布の特徴である．**図 13.5** にポアソン分布の確率質量関数の例を，**図 13.6** に累積確率分布関数の例を示す．

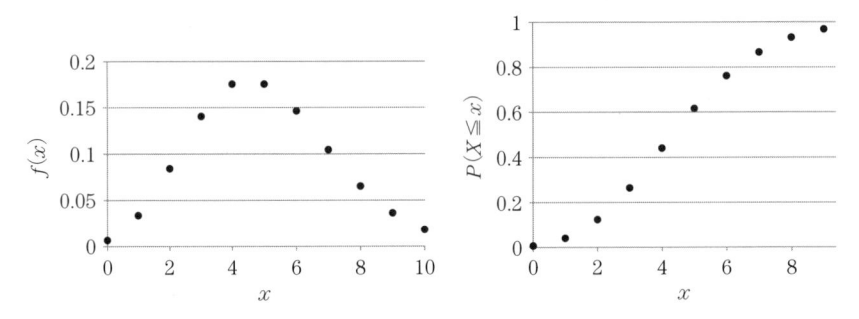

図 13.5 ポアソン分布の確率質量関数の例 ($\lambda = 5$ の場合)

図 13.6 ポアソン分布の累積確率分布関数の例 ($\lambda = 5$ の場合)

13.4.4 超幾何分布

N 個の標本点があり，二つの集合 A と B に分かれているとする．集合 A は M 個の標本点，B は $N - M$ 個の標本点から成っている．いま，A と B から無作為に n 個の標本点を取り出したとき，A の標本点が x 個，B の標本点が $n - x$ 個になる確率分布は，以下の確率質量関数によって与えられる．

$$f(x) = \begin{cases} \dfrac{\binom{M}{x}\binom{N-M}{n-x}}{\binom{N}{n}} & (x = \underline{x}, \ldots, \overline{x}) \\ 0 & (\text{その他}) \end{cases}$$

ここで，$\underline{x} = \max\{0, n - (N - M)\}, \overline{x} = \min\{n, M\}$ である．この確率分布を**超幾何分布** (hypergeometric distribution) という．期待値と分散はそれぞれ

$$E(X) = \frac{nM}{N}, \ V(X) = \frac{nM(N-M)(N-n)}{N^2(N-1)}$$

となる．**図 13.7** に超幾何分布の確率質量関数の例を，**図 13.8** に累積確率分布関数の例を示す．

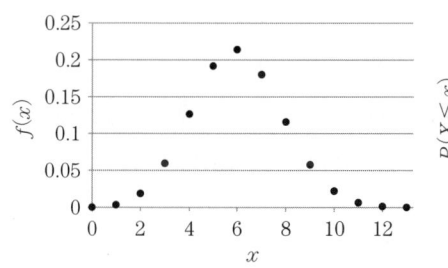

図 13.7 超幾何分布の確率質量関数の例（$n=20, M=30, N=100$ の場合）　**図 13.8** 超幾何分布の累積確率分布関数の例（$n=20, M=30, N=100$ の場合）

13.5　連続確率分布の例

ここでは連続確率分布の例として，連続一様分布，指数分布，ガンマ分布，正規分布について述べる．

13.5.1　連 続 一 様 分 布

確率密度関数が

$$f(x) = \begin{cases} \dfrac{1}{b-a} & (a \leqq x \leqq b) \\ 0 & (その他) \end{cases}$$

で表される確率分布を**連続一様分布**（continuous uniform distribution）という．$U(a,b)$ と書くこともある．

累積確率分布関数は

$$F(X) = \begin{cases} 0 & (x < a) \\ \dfrac{x-a}{b-a} & (a \leqq x < b) \\ 1 & (x \geqq b) \end{cases}$$

となる．また，期待値と分散はそれぞれ

$$E(X) = \frac{a+b}{2},\ V(X) = \frac{(b-a)^2}{12}$$

となる。**一様乱数**（uniform random number）の確率分布は連続一様分布である。図 **13.9** に連続一様分布の確率密度関数の例を，図 **13.10** に累積確率分布関数の例を示す。

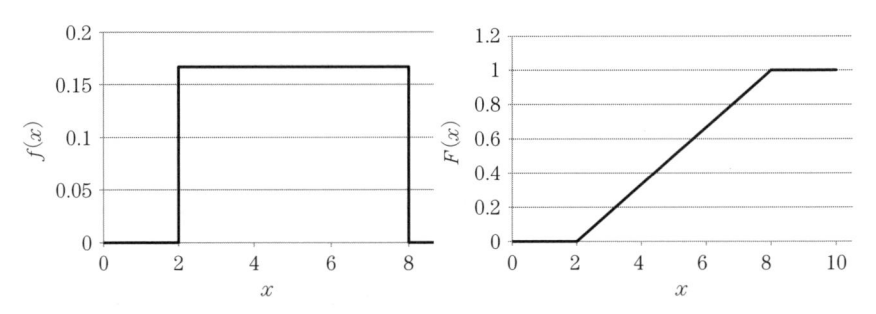

図 **13.9** 連続一様分布の確率密度関数の例（$a=2, b=8$ の場合）　図 **13.10** 連続一様分布の累積確率分布関数の例（$a=2, b=8$ の場合）

13.5.2 指 数 分 布

確率密度関数が，$\lambda > 0$ を用いて

$$f(x) = \begin{cases} \lambda e^{-\lambda x} & (x \geq 0) \\ 0 & (その他) \end{cases}$$

で表される確率分布を**指数分布**（exponential distribution）という。

累積確率分布関数は

$$F(x) = \int_{-\infty}^{x} f(t)dt = \begin{cases} 1 - e^{-\lambda x} & (x \geq 0) \\ 0 & (その他) \end{cases}$$

であり，$\int_{-\infty}^{\infty} f(x)dx = 1$ を満たすことも確認できる。また，期待値と分散はそれぞれ

となる。図 **13.11** に指数分布の確率密度関数の例を，図 **13.12** に累積確率分布関数の例を示す。

$$E(X) = \frac{1}{\lambda},\ V(X) = \frac{1}{\lambda^2}$$

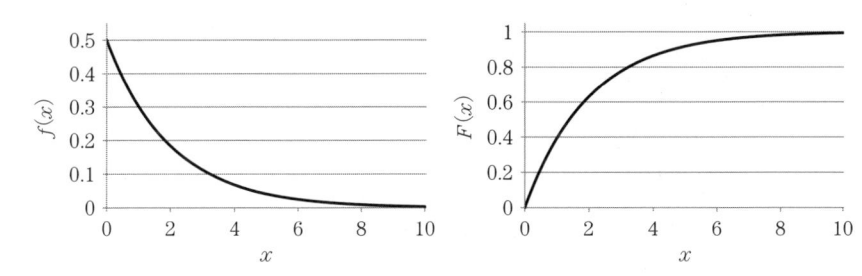

図 **13.11** 指数分布の確率密度関数の例 ($\lambda(=1/b) = 0.5$ の場合)

図 **13.12** 指数分布の累積確率分布関数の例 ($\lambda(=1/b) = 0.5$ の場合)

故障率が一定のシステムの耐用年数や災害発生の確率分布を記述するときに用いられる。

13.5.3 ガンマ分布

確率密度関数が，$\lambda > 0$ と $k > 0$ を用いて

$$f(x) = \begin{cases} \dfrac{\lambda^k x^{k-1}}{\Gamma(k)} e^{-\lambda x} & (x \geq 0) \\ 0 & (その他) \end{cases}$$

で表される確率分布を**ガンマ分布** (gamma distribution) といい，$\mathrm{Ga}(k, \lambda)$ と書く。ここで Γ はガンマ関数であり

$$\Gamma(k) = \int_0^\infty t^{k-1} e^{-t} dt$$

である。もし，k が正の整数であれば

$$\Gamma(k) = (k-1)!$$

となるので，ガンマ関数は階乗の一般化となっていることがわかる。
累積確率分布関数は

$$F(x) = \frac{\gamma(k, \lambda x)}{\Gamma(k)}$$

である。ここで γ は，ガンマ関数 Γ の積分区間を $[0, \infty]$ から $[0, \lambda x]$ とした不完全ガンマ関数であり

$$\gamma(k, \lambda x) = \int_0^{\lambda x} t^{k-1} e^{-t} dt$$

である。また，期待値と分散はそれぞれ

$$E(X) = \frac{k}{\lambda},\ V(X) = \frac{k}{\lambda^2}$$

となる。k が正の整数のときを**アーラン分布**（Erlang distribution）といい，特に $k = 1$ のとき，$\mathrm{Ga}(1, \lambda)$ は指数分布となる。また，n を自然数とするとき，$\mathrm{Ga}(n/2, 1/2)$ は自由度 n の χ^2 **分布**（χ^2 distribution）といわれる。図 **13.13** にガンマ分布の確率密度関数の例を，図 **13.14** に累積確率分布関数の例を示す。

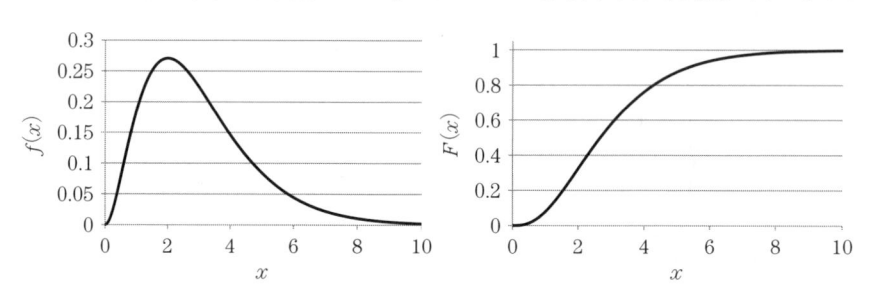

図 13.13 ガンマ分布の確率密度関数の例（$\lambda(=1/b) = 1, k(=a) = 3$ の場合）　**図 13.14** ガンマ分布の累積確率分布関数の例（$\lambda(=1/b) = 1, k(=a) = 3$ の場合）

待ち時間行列における待ち時間の計算，通信におけるトラフィック解析などで用いられる。

13.5.4 正規分布

確率密度関数が，μ と $\sigma > 0$ を用いて

$$f(x) = \frac{1}{\sqrt{2\pi\sigma^2}} \exp\left(\frac{-(x-\mu)^2}{2\sigma^2}\right)$$

で表される確率分布を**正規分布**（normal distribution），**ガウス分布**（Gaussian distribution）といい，$N(\mu, \sigma^2)$ と書く。

累積確率分布関数は

$$F(x) = \frac{1}{2}\left(1 + \mathrm{erf}\left(\frac{x-\mu}{\sqrt{2\sigma^2}}\right)\right)$$

である。ここで erf は**誤差関数**（error function）であり

$$\mathrm{erf}(x) = \frac{2}{\sqrt{\pi}} \int_0^x e^{-t^2} dt$$

で与えられる。

また，期待値と分散はそれぞれ

$$E(X) = \mu, \quad V(X) = \sigma^2$$

となる。すなわち，μ は期待値そのもの，σ^2 は分散そのものとなっている。図 **13.15** に正規分布の確率密度関数の例を，図 **13.16** に累積確率分布関数の例を示す。

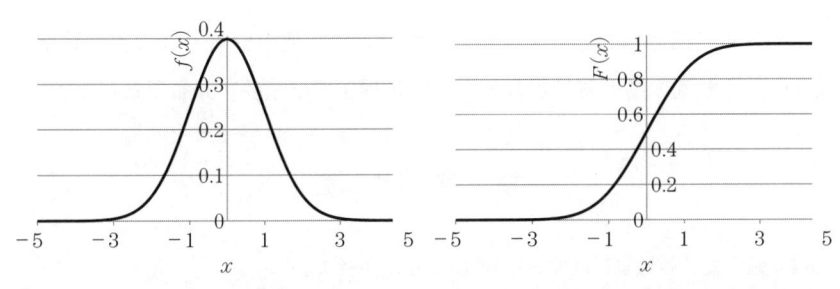

図 **13.15** 正規分布の確率密度関数の例（$\mu = 0$, $\sigma = 1$ の場合）

図 **13.16** 正規分布の累積確率分布関数の例（$\mu = 0$, $\sigma = 1$ の場合）

自然現象や社会の数多くの事象が正規分布で記述可能であり，最も重要な確率分布といっても過言ではない。

13.5.5 コーシー分布

確率密度関数が，x_0 と $\gamma > 0$ を用いて

$$f(x) = \frac{1}{\pi} \frac{\gamma}{(x-x_0)^2 + \gamma^2}$$

で表される確率分布を**コーシー分布**（Cauchy distribution）という。

累積確率分布関数は

$$F(x) = \frac{1}{\pi} \arctan\left(\frac{x-x_o}{\gamma}\right) + \frac{1}{2}$$

である。図 **13.17** にコーシー分布の確率密度関数の例を，図 **13.18** に累積確率分布関数の例を示す。

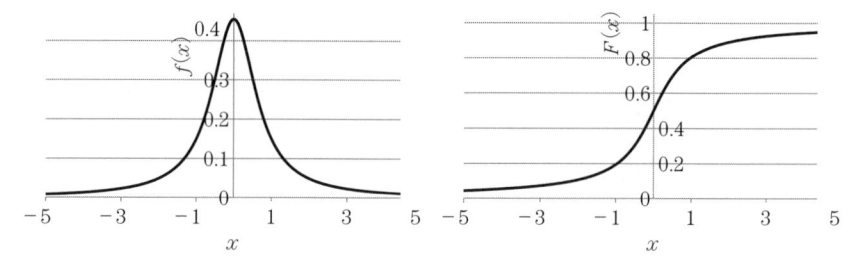

図 **13.17** コーシー分布の確率密度関数の例（$x_0(=a) = 0, \gamma(=b) = 0.7$ の場合）　図 **13.18** コーシー分布の累積確率分布関数の例（$\mu = 0, \sigma = 1$ の場合）

この分布は期待値も分散も定義できない点で，他の分布とは大きく異なる。減衰のある強制振動の解に現れるなど，物理学では重要な分布である。

章 末 問 題

【1】 確率変数の性質に関する定理 13.1 を証明せよ。
【2】 分散の性質に関する定理 13.4 について，残りを証明せよ。
【3】 二項分布 $\mathrm{Bi}(n, p)$ の期待値と分散を導出せよ。
【4】 コーシー分布に期待値も分散も定義できないことを確かめよ。

14 大数の法則と中心極限定理

確率論は数学的確率から始まり，公理主義的確率を経て発展してきたが，大数の法則と中心極限定理はその頂点の一つである．どちらもそのいわんとするところはあまり難しくなく，大数の法則は，「経験的確率と理論的確率はどんどん近付いていく」ことを示したものであり，中心極限定理は「経験的確率と理論的確率の近付き方」を定量的に示したものである．

これらの定理には，確率変数列の収束の考えを理解する必要があるが，実は，確率変数列の収束にはさまざまな概念がある．そこでまず，確率変数列の収束について考えてから，大数の法則と中心極限定理について述べよう．

14.1 確率変数列の収束

確率変数列の主要な収束の考え方には三つある．それを以下で定義する．

定義 14.1 （確率変数列の収束） X と $\{X_1, X_2, \ldots\}$ を確率空間 $(\Omega, \mathcal{F}, P)$ における確率変数と確率変数列とする．

(1) 任意の正数 ε に対して

$$\lim_{i \to \infty} P(|X_i - X| > \varepsilon) = 0$$

となるとき，$\{X_1, X_2, \ldots\}$ は X に**確率収束**（converges in probability）するといい，$X_i \xrightarrow{\mathrm{p}} X$ と書く．

174   14. 大数の法則と中心極限定理

(2) $$P\left(\lim_{i\to\infty} X_i = X\right) = 1$$

となるとき，$\{X_1, X_2, \ldots\}$ は X に**概収束** (converges almost surely) するといい，$X_i \xrightarrow{\text{a.s.}} X$ と書く．

(3) X と X_i の累積確率分布関数をそれぞれ F, F_i とする．

$$\lim_{i\to\infty} F_i(x) = F(x)$$

が F のすべての連続点 x で成り立つとき，$\{X_1, X_2, \ldots\}$ は X に**分布収束** (converges in distribution) するといい，$X_i \xrightarrow{\text{d}} X$ と書く．

特に確率収束と概収束の区別がわかりにくいので，説明しよう．くどいようだが確率変数が ω の関数であることに注意して，定義式を省略なしで書けば，少し考えやすくなる．

確率収束の場合の定義式は

$$\lim_{i\to\infty} P(\omega \in \Omega \mid |X_i(\omega) - X(\omega)| > \varepsilon) = 0$$

すなわち，i を大きくしたときに $|X_i(\omega) - X(\omega)| > \varepsilon$ であるような ω の存在する確率について議論している．i が違えば ω も違ってもよい．

一方，概収束の場合の定義式は

$$P\left(\omega \in \Omega \mid \lim_{i\to\infty} X_i(\omega) = X(\omega)\right) = 1$$

すなわち，ω を固定し，i を大きくしたときに $X_i(\omega)$ が $X(\omega)$ と一致する，そのような ω の存在する確率について議論している．

各収束の性質について述べておこう．

定理 14.1 確率空間 $(\Omega, \mathcal{F}, P)$ における確率変数の列 $\{X_1, X_2, \ldots\}$ について

(1) X に概収束するなら，この列は X に確率収束する．

(2) X に確率収束するなら，この列は X に分布収束する。

(3) X に概収束する必要十分条件は，任意の $\varepsilon > 0$ に対して

$$\lim_{N \to \infty} P\left(\exists i \ (i \geq N, \ |X_i - X| > \varepsilon)\right) = 0 \tag{14.1}$$

また，余事象をとって

$$\lim_{N \to \infty} P\left(\forall i \ (i \geq N, \ |X_i - X| \leq \varepsilon)\right) = 1$$

証明 (1) の証明だけを与えよう。$\{X_1, X_2, \ldots\}$ は X に概収束するので，$P(A)$ かつ，すべての i と $\omega \in A$ に対して $X_i(\omega)$ が $X(\omega)$ に収束するような $A \in \mathcal{F}$ が存在する。そこで

$$A_i = \{\omega \in \Omega \mid |X_i(\omega) - X(\omega)| < \varepsilon\}$$

として，マルコフの不等式でも用いた関数 I，すなわち事象 A_i が起きたとき 1，そうでないとき 0 になるような確率変数 $I_i : \Omega \to \{0, 1\}$ を考える。もし $\omega \in A$ であれば，すべての $i > N$ に対して $I_i(\omega) = 1$ になるような N が存在するから，ファトウの補題により，任意の正数 ε に対して

$$\liminf_{i \to \infty} P(|X_i - X| < \varepsilon) \geq E(\liminf_{i \to \infty} I_i) \geq P(A) = 1$$

が成り立つ。よって，$P(|X_i - X| \geq \varepsilon)$ は 0 に収束，すなわち $\{X_1, X_2, \ldots\}$ は X に確率収束する。 $\square$

14.2 大数の法則

サイコロを振って 1 の目の出る確率を考える。ここまで読み進めている読者でなくても，「1 の目の出る確率は 1/6」ということは知っているし，計算で簡単に求められる。では実際にサイコロを振るとどうなるか？ 最初からきれいに 1/6 になることはない。1 が多く出たり，まったく出なかったりするだろう。しかし，いつまでも振り続けていれば，その相対頻度が 1/6 に近付いていく，というのは経験的にわかっている。これを理論的に裏付けているのが大数の法

則であう。言い換えれば，大数の法則によって，われわれは安心して確率を実用に供することができる。

大数の法則には，確率変数の条件の違いによって，ベルヌーイによる**大数の弱法則** (weak law of large numbers) と，ボレルやコルモゴロフによる**大数の強法則** (strong law of large numbers) とがある。大数の弱法則はチェビシェフの不等式から簡単に示すことができるが，大数の強法則の証明は簡単ではない。

14.2.1 大数の弱法則

まず，大数の弱法則とその証明を示そう。弱法則とはいえ，強法則に勝るとも劣らない意味を持つ。

定理 14.2 (大数の弱法則) $\{X_1, X_2, \dots\}$ を確率空間 $(\Omega, \mathcal{F}, P)$ における独立な確率変数の列とし，平均 $E(X_i) = \mu$，分散 $V(X_i) = \sigma_i^2 \leq \sigma^2 < \infty$ $(i = 1, 2, \dots)$ とする。$S_n = \sum_{i=1}^{n} X_i$ で新たな確率変数を定義すれば，任意の $\varepsilon > 0$ に対して

$$\lim_{n \to \infty} P\left(\left|\frac{S_n}{n} - \mu\right| > \varepsilon\right) = 0$$

が成り立つ。すなわち，S_n/n は μ に確率収束する。

証明 チェビシェフの不等式 (13.10) において，$k = \varepsilon/\sigma$, $X = S_n/n$ とすると

$$P\left(\left|\frac{S_n}{n} - \mu\right| > \varepsilon\right) \leq \frac{\sigma^2}{n\varepsilon^2}$$

よって成り立つ。 □

ここで

$$E\left(\frac{S_n}{n}\right) = \frac{E(\sum_{i=1}^n X_i)}{n} = \frac{\sum_{i=1}^n E(X_i)}{n} = \mu \qquad (14.2)$$

であることに注意しておこう。

大数の弱法則を言葉で書くと,「確率変数の相加平均と期待値との絶対差が任意の ε より大きくなる確率は,試行を増やすと限りなく 0 に近付く」ということで,言い換えると

> 大数の弱法則は「確率変数の相加平均が期待値に一致する確率は,試行を増やすと限りなく 1 に近付く」という「確率の極限」について述べている。

もう少し詳しくいうと,n を大きくすると,どんなに小さい ε を持ってきても,S_n/n は μ のすぐ近くにある。つまり,$n \to \infty$ で,S_n/n は μ の周り半径 ε の円の内側という非常に狭い範囲に集中していくことになる。このことは中心極限定理の理解の一助となるので,よく理解しておいてほしい。

例 14.1 (聖ペテルブルクのパラドックス(大数の弱法則から見て))
8.4 節の例 8.1 で聖ペテルブルクのパラドックスを示した。その中で,ベルヌーイの仮説による効用を導入することによって,パラドックスの解決策の一つを示したが,これを大数の弱法則の形で書いてみよう。

$X_1, X_2, \ldots$ を同一の確率分布に従う独立な確率変数の列とし,$P(X_i = x^i) = 1/2^i$ $(i = 1, 2, \ldots)$ であるとする。このとき,$E(X_i) = \infty$ となる。$S_n = \sum_{i=1}^{n} X_i$ で新たな確率変数を定義すれば,任意の $\varepsilon > 0$ に対して以下が成り立つ。

$$\lim_{n \to \infty} P\left(\left|\frac{S_n}{n \log_2 n} - 1\right| > \varepsilon\right) = 0$$

14.2.2 大数の強法則

ではつぎに,**大数の強法則**(strong law of large numbers)を示そう。

定理 14.3 (大数の強法則) $\{X_1, X_2, \ldots\}$ を,確率空間 $(\Omega, \mathcal{F}, P)$ において同一の確率分布に従う独立な確率変数の列とし,平均 $E(X_i) = \mu$,分

散 $V(X_i) = \sigma^2 < \infty \ (i=1,2,\dots)$ とする。$S_n = \sum_{i=1}^{n} X_i$ で新たな確率変数を定義すれば

$$P\left(\lim_{n\to\infty} \frac{S_n}{n} = \mu\right) = 1$$

が成り立つ。すなわち，S_n/n は μ に概収束する。

証明 多くの本では確率変数 S_n/n の 4 次のモーメント $m_4(S_n/n)$ を使っているが，その場合，$m_4(S_n/n) < \infty$ を仮定しなければならない。そこでここでは，その仮定を必要としない証明を与える。

そのために，S_n/n に代えて $T_n = S_{n^2}/n^2$ という確率変数列を導入し，まず，$T_n - \mu$ の収束について考える。任意の $\varepsilon > 0$ について，チェビシェフの不等式 (13.10) から

$$P(|T_n - \mu| \geq \varepsilon) \leq \frac{V(T_n)}{\varepsilon} = \frac{V(S_{n^2})}{\varepsilon n^4} = \frac{V(X_1)}{\varepsilon^2 n^2}$$

よって

$$\sum_{n=1}^{\infty} P(|T_n - \mu| \geq \varepsilon) = \sum_{n=1}^{\infty} \frac{V(X_1)}{\varepsilon^2 n^2} < \infty \tag{14.3}$$

式 (14.3) は，$\sum_{n=1}^{\infty} P(|T_n - \mu| \geq \varepsilon)$ が有限，すなわち

$$\lim_{N\to\infty} \sum_{n=N}^{\infty} P(|T_n - \mu| \geq \varepsilon) = 0$$

であることを意味している。ここで

$$\sum_{n=N}^{\infty} P(|T_n - \mu| \geq \varepsilon) \geq P\left(\bigcup_{n \geq N} \{\omega \in \Omega \mid |T_n(\omega) - \mu| \geq \varepsilon\}\right)$$
$$\geq P\left(\sup_{n \geq N} |T_n - \mu| \geq \varepsilon\right)$$

より

$$\lim_{N\to\infty} P\left(\sup_{n \geq N} |T_n - \mu| \geq \varepsilon\right) = 0$$

(14.1) から、$T_n = S_{n^2}/n^2$ が μ に概収束することがわかる。

つぎに

$$D_n = \max_{n^2 < N < (n+1)^2} |S_N - S_{n^2}| = \max_{n^2 < N < (n+1)^2} \left| \sum_{i=n^2+1}^{N} X_i \right|$$

とすると

$$N_0 = \arg\max_{n^2 < N < (n+1)^2} |S_N - S_{n^2}|$$

としたとき

$$D_n^2 = |S_{N_0} - S_{n^2}|^2 \leq \sum_{N=n^2+1}^{(n+1)^2-1} |S_N - S_{n^2}|^2 \leq \sum_{N=n^2+1}^{(n+1)^2-1} \left(\sum_{i=n^2+1}^{N} X_i \right)^2$$

なので

$$E(D_n^2) \leq \sum_{N=n^2+1}^{(n+1)^2-1} E\left(\left(\sum_{i=n^2+1}^{N} X_i\right)^2\right)$$

$$= \sum_{N=n^2+1}^{(n+1)^2-1} \sum_{i=n^2+1}^{N} \sum_{j=n^2+1}^{N} E(X_i X_j)$$

$$= \sum_{N=n^2+1}^{(n+1)^2-1} \sum_{i=n^2+1}^{N} E(X_i^2)$$

$$= \sum_{N=n^2+1}^{(n+1)^2-1} (N - n^2) E(X_1^2) = n(2n+1) E(X_1^2) \leq 3n^2 E(X_1^2)$$

よって、チェビシェフの不等式 (13.10) より

$$P\left(D_n \geq n^2 \varepsilon\right) \leq \frac{3n^2 E(X_1^2)}{(\varepsilon n^2)^2} = \frac{3 E(X_1^2)}{\varepsilon^2 n^2}$$

であり、S_n の議論と同じく、D_n/n^2 が 0 に概収束することがわかる。

以上の議論より、$n^2 < N < (n+1)^2$ に対して

$$\left| \frac{S_N}{N} - \mu \right| \leq \frac{|S_N - N\mu|}{N} \leq \frac{|S_{n^2} - N\mu| + D_n}{N}$$

$$\leq \frac{|S_{n^2} - N\mu| + D_n}{n^2} = \left| \frac{S_{n^2}}{n^2} - \frac{N}{n^2}\mu \right| + \frac{D_n}{n^2}$$

$N \to \infty$ のとき $n \to \infty$ であり, そのとき

$$\frac{S_{n^2}}{n^2} \xrightarrow{\text{a.s.}} \mu$$

$$\frac{D_n}{n^2} \xrightarrow{\text{a.s.}} 0$$

$$\frac{n^2}{n^2} = 1 < \frac{N}{n^2} < \frac{(n+1)^2}{n^2} \to 1 \Longrightarrow \frac{N}{n^2} \to 1$$

なので, 右辺は 0 に概収束し, したがって

$$\frac{S_N}{N} - \mu \xrightarrow{\text{a.s.}} 0$$

すなわち, S_n/n は μ に概収束する。 □

大数の強法則を言葉で書くと,「試行を増やして確率変数の相加平均が期待値に一致する確率は 1 である」ということで, 言い換えると

> 大数の強法則は「確率変数の相加平均は, 試行を増やすと期待値に一致する」という,「確率変数列の相加平均の極限」について述べている。

また, 定理 14.1 より,「大数の強法則が成り立てば大数の弱法則は必ず成り立つ」ことがわかる。

14.3 中心極限定理

大数の弱・強法則によって, X_i の試行を増やせば, つまり $S_n = \sum_{i=1}^{n} X_i$ について n を大きく取れば期待値に近付くことが保証された。では, どのように近付くのか, 具体的にいうと, 近付く幅や近付いた先はどうなっているのだろうか? **中心極限定理** (central limit theorem) は, それに一定の指標を示してくれる。

定理 14.4 (中心極限定理) $\{X_1, X_2, \dots\}$ を確率空間 $(\Omega, \mathcal{F}, P)$ において同一の確率分布に従う独立な確率変数の列とし, 平均 $E(X_i) = \mu$, 分散

$V(X_i) = \sigma^2 < \infty \ (i = 1, 2, \dots)$ とする。$S_n = \sum_{i=1}^{n} X_i$ で新たな確率変数を定義すれば，任意の $a < b$ について

$$\lim_{n \to \infty} P\left(a \leqq \frac{S_n - n\mu}{\sqrt{n\sigma^2}} \leqq b\right) = \frac{1}{\sqrt{2\pi}} \int_a^b \exp\left(\frac{-x^2}{2}\right) dx \quad (14.4)$$

が成り立つ。すなわち

$$Z_n = \frac{S_n - n\mu}{\sqrt{n\sigma^2}}$$

は正規分布 $N(0, 1)$ に分布収束する。

中心極限定理の証明は複雑なので，本書では割愛する。多くの文献に示してあるので，興味のある読者は探してほしい。

先に，「中心極限定理は，S_n が期待値にどのように近付くのかを示してくれる」と書いた。具体的に見てみよう。

まず，近付き方について考える。式 (14.2) より $E(S_n) = n\mu$ なので，$S_n - n\mu = S_n - E(S_n)$ はざっくりいうと，S_n とその期待値 $E(S_n)$ との距離である。S_n は X_i の n 個の和なので，この距離は直感的には n に比例するように感じるが，この定理では，n ではなく，$\sqrt{n}$ に比例することを示している。

さらに重要なことは，近付いた先である。中心極限定理では，確率変数列 $\{X_1, X_2, \dots\}$ を Z_n に標準化している。そこで，この Z_n の期待値 $E(Z_n)$ と分散 $V(Z_n)$ を求めてみよう。まず期待値は

$$E(Z_n) = E\left(\frac{S_n - n\mu}{\sqrt{n\sigma^2}}\right) = \frac{1}{\sqrt{n\sigma^2}} E\left(S_n - E(S_n)\right) = 0$$

つぎに分散は，各 X_i が独立であることに注意すると

$$V(Z_n) = V\left(\frac{S_n - n\mu}{\sqrt{n\sigma^2}}\right) = \frac{1}{n\sigma^2} V(S_n) = \frac{1}{n\sigma^2} \left(E(S_n^2) - (E(S_n))^2\right)$$
$$= \frac{1}{n\sigma^2} \sum_{i=1}^{n} \sum_{j=1}^{n} \left(E(X_i X_j) - E(X_i) E(X_j)\right)$$

$$= \frac{1}{n\sigma^2} \sum_{i=1}^{n} \left(E(X_i^2) - (E(X_i))^2 \right) = \frac{1}{n\sigma^2} \sum_{i=1}^{n} \sigma^2 = 1$$

式 (14.4) の右辺について，$a = -\infty$ にすると正規分布 $\mathrm{N}(0,1)$ の累積確率分布関数となるので，中心極限定理は，「期待値 0，分散 1 の確率変数列は $\mathrm{N}(0,1)$ に近付く」ことを示している．もう少し一般的にいえば

> ある分布に期待値と分散があれば，その分布に従うたがいに独立な事象の積み重ねは，必ず要素の分布の期待値と分散を持つ正規分布に漸近する．

ということになる．これはある意味すごいことで，要素の分布がコーシー分布のように期待値も分散も持たない分布でない限り，十分多い試行の後では，どんな分布においても期待値と分散の情報しか必要でなくなり，しかも必ず正規分布に近付くのである．

章 末 問 題

【1】 表計算ソフトなどを用いて，中心極限定理を確認せよ．
【2】 中心極限定理の証明を与えよ．
【3】 確率変数 $X_1, \ldots, X_n$ が独立で，ベルヌーイ分布 $\mathrm{Bi}(1, p)$ に従っているとき，中心極限定理を用いて

$$P(L \leqq X_1 + \ldots X_n \leqq U) = 0.97$$

となる L と U を求めよ．必要であれば

$$\int_0^{2.17} \frac{1}{\sqrt{2\pi}} \exp\left(\frac{-x^2}{2}\right) \fallingdotseq 0.485$$

を用いよ（標準正規分布表から調べることができる）．

15 主観確率

　ここでは，これまで考えられている**主観確率** (subjective probability) の大まかな流れを述べるにとどめる。一つひとつについて微に入り細を穿っていては紙面がいくらあっても足りないし，多くの読者の興味はそこまではないであろう。

　前述のように，確率は事象の相対頻度に基づく客観確率と，個人の信念に基づく主観確率の二つの側面を持つ。後者の主観確率は**確率の主観的解釈** (subjective interpretation of probability) ともいい，ベルヌーイによって，この「主観的」という言葉は確率論で初めて使われた。ベルヌーイはその著書「推測法」の中で

> 確率は確実性の度合いであり，そしてそれは部分が全体と異なるように，絶対的な確実性とは異なる。

と述べている。「確実性の度合い」という表現自体はすでにライプニッツが使っていたが，ベルヌーイは，「確実性」には，客観的なものと主観的なものが存在すると考えた。ここで，ベルヌーイがどういう意味で客観的と主観的を使い分けていたのかを考える必要がある。ベルヌーイにとっては，これから起きることは神が決めているという意味で客観的に確実とみなされ，もしも客観的に不確実であれば，それは神が決めかねた，ということを意味する。そのことと対比すると，主観的な確実性は神との対比において人間の判断の範疇のことになる。

　このようにベルヌーイによって「主観的」という言葉が用いられるようになったが，「主観的」という言葉の持つ本来的なあいまいさのために，主観確率にもさまざまな確率があり，多くの場合，主観確率といえばベイズ確率を指す。ベ

イズ確率は逆確率とも呼ばれており，ベイズの定理に基づいて結果から原因を推定する確率計算のことをいう．まず，そのことについて述べよう．

15.1 ベイズ確率

ベイズの定理はベイズが見いだし，だからこそ彼の名前が定理に冠されているのだが，ベイズの定理を世に敷衍した功労者はラプラスであり，ラプラスはベイズの定理を独自に見いだした．このあたりの経緯については，文献 19) が詳しい．

ベイズの定理は 12.1 節と 12.3 節で示したが，改めて説明すると，結果から原因を推定するために用いられる．そのため，**逆確率**（inverse probability）とも呼ばれる．ラプラスはベイズの定理を社会調査や天体観測，地球科学の問題に用いて大きな成果を挙げたが，ラプラスの死後，批判にさらされることになった最も大きな理由は，最初の事前確率の与え方にある．そこで，ベイズの定理を用いた原因の推定，すなわちベイズ推定について述べよう．

15.1.1 ベイズ推定の原理

ベイズの定理を用いた原因の推定，すなわち**ベイズ推定**（Bayes estimation）を行う場合，以下のようなプロセスを取る．

(1) まず，確率を適当に与える．これが事前確率となる．
(2) 事前確率を基にして，各事象の確率を計算する．
(3) つぎに，生起した事象が何かの情報を得る．
(4) 生起した事象を対象とし，その事象に与えられていた確率を選び出す．
(5) 選び出した確率をベイズの定理により正規化する．
(6) 正規化された確率を新たな確率とする．これが事後確率となる．
(7) 最後に，事後確率によって事前確率を置き直す．つまり，事後確率が，つぎの更新における新たな事前確率となる．

15.1 ベイズ確率

例えば,コインを 2 回投げて真贋の判定を行うことを考えよう。まず,生起した事象を

$$X = \{\,\text{表が出る},\text{裏が出る}\,\} \equiv \{A_1, A_2\}$$

とする。また,コインの真贋を知りたいので,状態空間を

$$\Omega = \{\,\text{本物},\text{贋物}\,\} \equiv \{B_1, B_2\}$$

としよう。本物だったときに表または裏が出る条件付き確率は $P(A_1|B_1) = P(A_2|B_1) = 1/2$,贋物だったときに表または裏が出る条件付き確率は $P(A_1|B_2) = 3/5$, $P(A_2|B_2) = 2/5$ がわかっていると仮定する。

さて,2 回投げたところ,2 回とも表が出た。その間の状況を逐次更新で考えてみる。

(1) **1 回目**:コインの情報が何もないので,とりあえず $P(B_1) = P(B_2) = 1/2$ とする。1 回目の真贋判定に関するすべての確率を**表 15.1** に示す。1 回目で表が出たので,表 15.1 の上の行より

表 15.1 コインの真贋判定:1 回目

	B_1	B_2
A_1	$(1/2) \times (1/2)$	$(3/5) \times (1/2)$
A_2	$(1/2) \times (1/2)$	$(2/5) \times (1/2)$

$$P(A_1|B_1)P(B_1) = \frac{1}{2} \times \frac{1}{2} = \frac{1}{4}$$
$$P(A_1|B_2)P(B_2) = \frac{3}{5} \times \frac{1}{2} = \frac{3}{10}$$

よって

$$P(B_1|A_1) = \frac{1/4}{1/4 + 3/10} = \frac{5}{11}$$
$$P(B_2|A_1) = \frac{3/10}{1/4 + 3/10} = \frac{6}{11}$$

となる。

(2) **2 回目**:1 回目が終わった時点で $P(B_1|A_1) = 5/11$, $P(B_2|A_1) = 6/11$ となっている。そこで, $P(B_1|A_1)$ を $P(B_1)$ と, $P(B_2|A_1)$ を $P(B_2)$ と

してつぎのプロセスに入る。2回目の真贋判定に関するすべての確率を**表 15.2** に示す。2回目でも表が出たので，表 15.2 の上の行より

表 15.2 コインの真贋判定：2 回目

	B_1	B_2
A_1	$(1/2) \times (5/11)$	$(3/5) \times (6/11)$
A_2	$(1/2) \times (5/11)$	$(2/5) \times (6/11)$

$$P(A_1|B_1)P(B_1) = \frac{1}{2} \times \frac{5}{11} = \frac{5}{22}$$
$$P(A_1|B_2)P(B_2) = \frac{3}{5} \times \frac{6}{11} = \frac{18}{55}$$

よって

$$P(B_1|A_1) = \frac{5/22}{5/22 + 18/55} = \frac{25}{61}$$
$$P(B_2|A_1) = \frac{18/55}{5/22 + 18/55} = \frac{36}{61}$$

そこで，$P(B_1|A_1)$ を $P(B_1)$ と，$P(B_2|A_1)$ を $P(B_2)$ とみなす。最終的にコインが真作である確率は

$$\frac{1}{2} \rightarrow \frac{5}{11} \rightarrow \frac{25}{61}$$

と変遷している。

15.1.2 ベイズ推定の長所

上で見たように，ベイズ推定の欠点と目される部分は，最初の確率の与え方にある。多くの場合，対象とする情報が何もないので等確率を与えることになるが，この点が多くの非難にさらされた。しかし実は，この問題は試行を増やす，つまりデータを集めていけば問題ではなくなる。それを含めて，このベイズ推定の長所は以下のようにまとめられる。

(1) 頻度確率とは異なり，多数の試行を行ってデータを収集しなくても推定可能である。また，試行を増やすにつれて大数の法則が働き，初期値に関係なく理想値に近付く。ただし，初期値に関係ないとはいっても，$P(B_i) = 0$ のような事前確率では意味がないことに注意する。

(2) 事前確率の更新は，それまでに収集したすべての試行に関する結果をそのつど呼び出す必要はなく，直前の試行からだけで計算可能である．これを**逐次合理性**（sequential rationality）という．

15.2 その他の主観確率

ベイズ確率は主観確率の中では歴史のある代表的なものだが，先に述べたように，近年になっていろいろな主観確率が考えられるようになった．ここでは代表的なものを紹介するにとどめる．興味のある読者は他の文献などをあたってほしいが，その多くは専門書や論文であり，教科書的な文献はあまりないので，読み進めるには相応の知識と根気が必要である．

15.2.1 個人的主観主義

まず，最も言葉の意味に近い，人間の持つ主観という意味での主観確率は，ラムゼイとデ・フィネッティによって提唱され，サヴェッジによってまとめられた**個人的主観主義**（personalism）である．個人的主観主義では，確率を個人の信念の度合いと同一視し，確率が未知なのは，その確率を考える人が「決心のつかない」ときに限られると考える．そしてその信念の度合いは，ベイズ確率を用いて計測できるとした．これは後に，アンスコムとオーマンによって，文献 20) の中で定式化される．

15.2.2 ハイゼンベルクによる主観確率

逆に最も客観確率に近いものは，ハイゼンベルクによる主観確率である．例えば，一つの壺にさまざまなひずみのあるコインが入っていたとする．当然，それぞれのコインを投げたときに表の出る確率は異なる．その壺から無作為にコインを選び出して投げ，表が出る数をカウントしたとしよう．ここから導き出される頻度は何を意味するのかが問題とある．それぞれのコインは別々のひずみを持っているので，これらを混合して得られた確率は，コインの表が出る一

般的な性質を表してはいない。

この問題はハイゼンベルクが指摘しているように,「不完全な知識」という主観的要素と「傾向性」という客観的要素との両方が含まれていると考えられる。ここでの不完全な知識という主観的要素は理由不十分の原理に見られたものであり,個人の信念とは違うものなので,ラムゼイやデ・フィネッティのいう主観とは異なる。特に,ハイゼンベルクは不確定性原理を提唱した量子力学の泰斗であり,彼の言及は量子力学の文脈においてなされたものであることに注意したい。このことは,主観確率が主観と最も遠いと思われてきた物理学に対しても小さくない影響を与えていることの証左となっている。

15.2.3 確率の論理的解釈

この二つの主観確率の間に位置するのが,ケインズやジェフリーズ,カルナップによる**確率の論理的解釈**（logical interpretant of probability）に基づいた**帰納的確率**（inductive probability）である。

ケインズによれば,確率とは「確率判断の形成」という論理プロセスによって決定されるものであり,確率判断に用いられる命題に出てくる物理現象や,その物理的性質自体によって左右されるものではない。あくまで,命題間の関係において適用される概念であり,ある命題から別の命題への推論の蓋然性が確率である。このケインズのいう蓋然性とは,「真の度合い」ではなく「確実性の度合い」,または「合理性の度合い」を指す。たとえ命題自体が真でなくても,その推論が十分に合理的なものであれば,それは蓋然的なものといえる。

ケインズの立場をとれば,確率論とは,推論もしくは推論によって得られる知識に関する体系となる。その当然の帰結として,確率論は論理の一部とみなすことができ,必然性や可能性などの様相を含んだ論理と密接に関連してくる。これは本書で説明した様相論理にほかならない。

もし確率が推論に対する蓋然性と定義されるなら,推論者の知識を意味する前提 p から推論によって導かれる q は推論者の信念となる。そして,p から q を推論する $p \Rightarrow q$ の蓋然性 $P(p \Rightarrow q)$ に依存して,その推論者は $P(p \Rightarrow q)$ の

度合いの信念に基づく確信を持つことになり，これこそが q の確率となる．

ケインズによれば，命題自体の蓋然性を議論するのは意味がなく，命題を命題ならしめている知識とその関係の度合いを考えなければならない．それゆえ，知識や関係が変わると，その確率自体も変わることになる．

15.3　信念に基づく確信

確率を個人の信念と捉えた場合，どの程度の信念をもってすれば，主観的な確実性を得ることになるか，という問題が生じる．これを**信念に基づく確信**（moral certainty）や**信憑性**（credibility）といい，主観的な確実性を得たことを「信念に基づく確信を得た」「信憑性を得た」という．これはライプニッツによって最初に言及されたが，ベルヌーイは「無限に小さな確実性は不可能性と同じ」とみなし，1/1000 を一つの目安とした．この「小さな確実性」に関して，ボレルがつぎのような分類を行っている．

(1) $\dfrac{1}{10^6}$：**人間的尺度において無視できる割合**

　　例えば，国内で交通事故は 1 秒に 1 件の割合で起きている．また，国内で 1 分間に事故に遭う確率は $1/(2.7 \times 10^6)$ である．

(2) $\dfrac{1}{10^{15}}$：**地球的尺度において無視できる割合**

　　遺伝的疾患を持つ確率がこの割合に相当する．

(3) $\dfrac{1}{10^{50}}$：**宇宙的尺度において無視できる割合**

　　観測可能なすべての恒星は 10^9 個であり，これらすべてについて，数世紀にわたって観測できたすべての物理量は多く見積もって 10^{20} 個である．すべての物理法則はこの中でのみ観測可能である．

(4) $\dfrac{1}{10^{90}}$：**超宇宙的尺度において無視できる割合**

　　1 リットル中に酸素分子と窒素分子が同量存在している場合，これらの分子が偶然，完全に二つに分離する確率は $1/10^{10^{22}}$ である．この分母を数字で記した場合，必要な 0 の個数は，1 ページ 10000 文字，1 巻 1000 ページ，1 揃え 100 巻が一つの図書館に 100 揃えあったとして，その図

書館 100 棟でやっと 1 億分の 1 にしかならないほどの量であり，人間には想像が難しい．

15.4 非加法性について

15.4.1 ベルヌーイによる非加法性

確率論の章をまとめるにあたって，最後に非加法性について触れておこう．実は確率における非加法性はベルヌーイによる．ベルヌーイが挙げた例の一つは以下のようなものである．

例 15.1 (死刑宣告の囚人)　死刑の宣告を受けた 2 名の囚人がつぎのようなルールで 1 人 1 回サイコロを振る．
　(1)　出た目の数が相手と同じか大きければ助命される．
　(2)　出た目の数が相手より小さければ刑が執行される．
囚人 1 名当りの期待値（この場合の期待値は通常の意味ではないことに注意）は 7/12 となるが，そのためにもう 1 人の期待値が 5/12 になるとは意味しない．なぜなら，2 人とも助命のチャンスは同じだからである．そのため，2 人合わせて 7/6 という 1 より大きい期待値が付与される．なぜなら，2 人とも刑が執行されることはないが，2 人とも助命されることはあるからである．

最後の記述でわかるように，この問題は「対象としている二つの事象が互いに排反ではないから」という理由で一応の解決を見る．しかし，ベルヌーイは別の例を挙げた．

例 15.2 (黒いマントの犯人)　ある事件が起こり，その犯人は黒いマントを着ていることがわかっている．そして，事件が起きたときにその場にいてマントを着ていた人間がすべて捕らえられ，その中に T がいた．その

15.4 非加法性について

うちの 1 人が犯人であることは事実なので，T が犯人である確率は 1/4 である。このような証拠を混合した証拠といい，多くの統計データによって支持される性質のものである。さて，T に事件について質問すると，T の顔色が変わった。これを純粋な証拠という。顔色が変わったことが罪悪感の証左なら T が犯人であることを証明しているが，当惑で顔色が変わっただけかもしれず，T が犯人であることに関して中立だからである。

この例では，T が犯人であるかどうかは背反である。

議論を簡単にするため，われわれは T が犯人の場合，質問すると確実に顔色が変わると確信しているとしよう。もしベイズ確率を使うのであれば，生じた事象を $X = \{$顔色が変わった, 顔色が変わらなかった$\} = \{A_1, A_2\}$，標本空間を $\Omega = \{T$ は犯人, T は犯人でない$\} = \{B_1, B_2\}$ とすると，4 人のうち 1 人が犯人なので $P(B_1) = 1/4$, $P(B_2) = 3/4$, T は犯人であると顔色が変わるので，$P(A_1|B_1) = 1$, $P(A_2|B_1) = 0$ となる。

問題は T が犯人でないときに顔色が変わるかどうかわからないことにある。さて，ベルヌーイによれば確率とは確実性の度合いである。ということは，ベイズ確率のように「わからなければ等確率」とはいかないので，$P(A_1|B_2) = P(A_2|B_2) = 1/2$ とするわけにはいかない。かくしてこの値は「?」とするほかなく，状況は**表 15.3** のようになる。

表 15.3 T が犯人かどうかの推定

	B_1	B_2
A_1	$1 \times (1/4)$	$? \times (3/4)$
A_2	$0 \times (1/4)$	$? \times (3/4)$

確率を確実性の度合い，言い換えれば確信の度合いと考える以上，「?」にはどちらも 0 が入り，T が犯人である確信は 1/4 となり，T が犯人でない確信は 0 となる。T が犯人でない確信が 3/4 にならないのは「?」に 0 が割り当てられているからだが，詳しくいうと，T が犯人でない場合，質問に対して顔色が変わるかどうかについての情報がなく，したがって，それに関する確信をわれわれが持てないからである。

これは少なくとも加法性を仮定している確率では表現できない。確率は確実

性の度合いなので，事象 A と B が背反だとしても，総和を 1 にする必然性はないのである．場合によっては，総和が 1 を超えることすら許している．

総和が 1 にならない性質を**非加法性**（nonadditivity），その中でも 1 以下になる性質を**劣加法性**（subadditivity）という．

15.4.2　エルスバーグのパラドックス

非加法性の確率の実験として有名なものが，エルスバーグが示したパラドックスで，**エルスバーグのパラドックス**（Ellsberg's Paradox）と呼ばれている．これはつぎのようなものである（図 **15.1** 参照）．

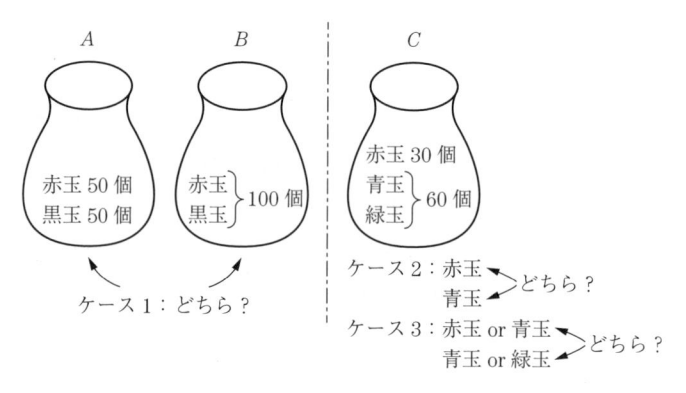

図 15.1　エルスバーグのパラドックス

(1) **ケース 1**：赤玉と黒玉が合わせて 100 個入った二つの壺 A と B がある．壺 A には赤玉と黒玉が各 50 個ずつ入っているが，壺 B の赤玉と黒玉の個数はわからない．赤玉が出たら賞金を手にできる．どちらかの壺を選んでほしい．

(2) **ケース 2**：赤玉 30 個と，青玉と緑玉が合わせて 60 個の計 90 個の玉の入った壺 C がある．赤玉が出たら賞金を手にできる場合，I と青玉が出たら賞金を手にできる場合 II を考えよう．どちらかの場合を選んでほしい．

(3) **ケース 3**：やはり壺 C に関して，赤玉または青玉が出たら賞金を手にできる場合 III と，青玉または緑玉が出たら賞金を手にできる場合 IV を考えよう．どちらかの場合を選んでほしい．

15.4 非加法性について

どのケースに関しても，玉の色に関する情報がない以上，色に関する個人の信念は等しくなり，壺 A と B，場合 I と II，場合 III と IV はそれぞれ同じはずである．しかし，多くの人は，ケース 1 では壺 A を，ケース 2 では場合 I を，ケース 3 では場合 IV を選ぶ傾向がある．

そこで，ケース 1 の壺 A と B をモデル化してみよう．壺 A の標本空間は $\Omega = \{r, b\}$ とする．ここで，r と b はそれぞれ赤玉と黒玉を表す．また，それぞれの事象の生起確率は $P_A(r) = P_A(b) = 1/2$ となる．一方，壺 B の標本空間も同じく $\Omega = \{r, b\}$ だが，個数は不明ながら赤玉と黒玉に差を付ける理由はないので，$P_B(r) = P_B(b) = ?$ とする．多くの人は壺 A の方が賞金を得やすい，つまり色を当てやすいと思ったので

$$\begin{cases} P_A(r) > P_B(r) \\ P_A(b) > P_B(b) \end{cases}$$

両辺をそれぞれ加えると

$$P_A(r) + P_A(b) = 1 > P_B(r) + P_B(b)$$

となり，P_B は非加法性の確率となっている．ここで非加法性確率について定義しよう．

定義 15.1 (非加法性確率測度・非加法性確率空間) 集合 Ω とその部分集合から成る完全加法族 $\mathcal{F}$ から成る可測空間 $(\Omega, \mathcal{F})$ において，関数 $P: \mathcal{F} \to [0, 1]$ が以下を満たすとき，**非加法性確率測度** (nonadditive probability measure)，または単に**非加法性確率** (nonadditive probability) という．

(1) $P(\phi) = 0$

(2) $A_i \in \mathcal{F}$ $(i \in \mathbb{N})$, $A_i \subset A_j \Longrightarrow P(A_i) \leq P(A_j)$

また，可測空間に P を加えた組 $(\Omega, \mathcal{F}, P)$ を**非加法性確率空間** (nonadditive probability space) という．

15.4.3 マルチプルプレーヤ

ここで，エルスバーグのパラドックスの壺 A と B に関して，別の角度から検討してみよう。壺 B に関しては玉の色に関する情報がないので，やや力技になるが，考え得る限りの確率を付加してみる。壺 B の玉は赤玉と黒玉合わせて 100 個なので，(赤玉の個数, 黒玉の個数) は $(0, 100)$ から $(100, 0)$ までの 101 通り存在する。つまり確率 $(P_B(r), P_B(b))$ も，$S_1 = (0/100, 100/100)$ から $S_{101} = (100/100 : 0/100)$ の 101 通り存在する。これは，壺を選ぶ人の心の中の違いを表していると考えられる。これを**マルチプルプレーヤ**（multiple player）という。すべての S_i $(i = 1, \ldots, 101)$ の赤玉が出る期待値 $E_B^i(r)$ を計算すると

$$E_B^i(r) = 1 \cdot \frac{i-1}{100} + 0 \cdot \frac{101-i}{100} = \frac{i-1}{100}$$

同様に，黒玉の出る期待値 $E_B^i(b)$ は

$$E_B^i(b) = 0 \cdot \frac{i-1}{100} + 1 \cdot \frac{101-i}{100} = \frac{101-i}{100}$$

このマルチプルプレーヤの各期待値 $E_B^i(r), E_B^i(b)$ の最小値

$$E_B(r) = \min_i E_B^i(r)$$
$$E_B(b) = \min_i E_B^i(b)$$

を**マルチプル期待値**（multiple expected value）という。それぞれのマルチプル期待値を計算すると，$E_B(r) = E_B(b) = 0$ となる。一方，壺 A の場合，マルチプル期待値は通常の期待値と一致し，$E_A(r) = E_A(b) = 0.5$ となる。それぞれの壺のマルチプル期待値のうち，大きい方は壺 A なので，人は壺 A を選ぶ傾向にあると考えられる。すなわち，人は，確率のわからない状態では心の中に複数のマルチプルプレーヤを持ち，マルチプル期待値の大きくなるような行動を選択するという解釈が可能である。これは，**マックスミン原理**と呼ばれる原理の一つであり，最悪を最小にする行動選択と考えられる。このマルチプル

レーヤと非加法的確率とは等価であることがギルボアとシュマイドラーによって文献 21) で示されているので，興味のある読者は当たってみてもいいだろう。

15.4.4 リスクと不確実性回避

では，なぜ多くの人が，エルスバーグのパラドックスのケース 1 では壺 A を，ケース 2 では場合 I を，ケース 3 では場合 IV を選ぶ傾向があるのかについて考えてみよう。この問題に関しては，ナイトの「確率のわかっている不確実性とわかっていない不確実性は分けなければならない」という主張が広く受け入れられている。ナイトは，文献 22) の中で，確率で計算可能な不確実性を**リスク**（risk）と，確率では計算不能な不確実性を真の不確実性と定義した。ナイトの定義した不確実性を**ナイトの不確実性**（Knightian uncertainty）という。彼の主張はつぎのようにまとめられる。

(1) 確率がわかっている不確実性は不確実とはいえない。
(2) 同一の独立試行の反復による大数の法則を背景にした確率論は，現実社会の不確実性を描写していない。item 人は，確率のわからない不確実性を避ける傾向にある（**不確実性回避**）(uncertainty avoidance)。

前述のエルスバーグのパラドックスの示唆しているところは，「人は不確実性をリスクより嫌う」，つまり不確実性回避である。しかし，確率がわかっている場合でも，生起する事象を自ら選べるわけではなく，どの事象が実際に生起するかわからないことに変わりはない。それにも関わらず，なぜ不確実性回避の傾向があるかについて，その理由をナイトは意志と情報量の2点として挙げている。

(1) **意志の問題**：人は，自分の運命を自分自身で決めたいと考えている。例えば，多くの中で1本が当たりであるようなクジがあり，順番にクジを引くとき，当たりになる確率は何番目で引こうと同じであるにもかかわらず，多くの人は最初にクジを引こうとする。
(2) **情報量の問題**：人は，たとえ運にまかせるとしても，何らかの情報を持った上で，すなわちその運の正体を知った上でまかせたいと考えている。

ここには，たとえ最悪の事態が生起したとしても，最も小さな傷になるようにしたいというマックスミン原理が働いている。「自分の意志で運まかせにすることへの自信のなさの表れ」が，不確実性回避の根底にあるともいえる。

これは，ハイゼンベルクの「主観確率には主観性と客観性の両方が含まれている」という指摘に通じるものがある。

ではこのことを前述の壺 B について考えてみる。多くの人は，赤玉が出ると思った瞬間に「黒玉が多いかもしれない」と考え，逆に，黒玉が出ると思った瞬間に「赤玉が多いかもしれない」と考える。すなわち，賭けると決めた方の可能性が賭けなかった方の可能性より低く見積もられてしまう傾向がある。

これに関しても，非加法的確率を用いた説明が可能である。「赤玉を選択する」という事象を r，「黒玉を選択する」という事象を b，「赤玉を選択しない」という事象を r^c，「黒を選択しない」という事象を b^c とする。$\Omega = \{r, b\}$ なので，r の余事象は b となり，通常の確率では $P(b) = P(r^c)$ が成り立つが，この場合は非加法的確率なので，必ずしもそうとはならない。例えばいま，P' を非加法性確率測度としよう。非加法的確率の性質から $P'(r) + P'(b) \neq 1$ でよいので，$P'(r) = P'(b) = 0.4$ としよう。すると余事象から $P'(r^c) = 0.6 > P'(b)$，$P'(b^c) = 0.6 > P'(r)$ となり，「選択しない」方が高い確率となる。

章 末 問 題

【1】 自動車の割合が 赤：緑：青 $= 3 : 2 : 1$ である街でひき逃げ事故が起こった。目撃者の証言によれば，逃走車両は緑であったというが，事故発生時の気象状況下における目撃者の証言の信憑性は実験によって，同じ色を正しく言い当てる確率が 80%，違う色をいう確率がそれぞれの組合せに対して 10%（例えば赤を緑と間違える）であることが判明している。逃走車両の色が赤である確率を求めよ。

【2】 非加法性測度はさまざまな分野での応用が期待されている。例えばファジィ測度はその典型例である。ファジィ測度について調べてみよ。

付　　録

A.1　論理・集合論に関わる人々の年表

表 A.1　論理・集合論に関わる人々の年表

ソクラテス	Sokrates	Ca.469BC〜399BC	哲学全般
プラトン	Platon	428BC〜347BC	論理を含む哲学全般
アリストテレス	Aristoteles	384BC〜322BC	記号論理
ライプニッツ	Gottfried Wilhelm Leibniz	1646〜1716	可能世界意味論
カント	Immanuel Kant	1724〜1804	論理学
ド・モルガン	Augustus de Morgan	1806〜1871	記号論理学
ブール	George Boole	1815〜1864	ブール代数
フレーゲ	Friedrich Ludwig Gottlob Frege	1848〜1925	記号論理学
ヒルベルト	David Hilbert	1862〜1943	演繹の公理系
ツェルメロ	Ernst Zermelo	1871〜1953	ZFC 公理系
ウカシェヴィッツ	Jan Lukasiewicz	1878〜1956	3 値論理
ブラウワー	Luitzen Egbertus Jan Brouwer	1881〜1966	直感主義論理
ルイス	Clarence Irving Lewis	1883〜1964	厳密含意
フレンケル	Abraham Fränkel	1891〜1965	ZFC 公理系
カルナップ	Rudolf Carnap	1891〜1970	様相論理
ハイティング	Arend Heyting	1898〜1980	直感主義論理
モリス	Charles William Morris	1903〜1979	論理の 3 側面
マッキンゼー	John Charles Chenoweth McKinsey	1908〜1953	様相論理
ザデー	Lotfali Askar Zadeh	1921〜	ファジィ理論
ロビンソン	John Alan Robinson	1928〜	融合原理
クリプキ	Saul Aaron Kripke	1940〜	様相論理

A.2　確率論に関わる人々の年表 I

表 A.2　確率論に関わる人々の年表 I

アリストテレス	Aristoteles	384BC〜322BC	確率を含む哲学全般
アウグスティヌス	Aurelius Augustinus	354〜430	ランダムの否定
トマス・アクィナス	Thomas Aquinas	Ca.1225〜1274	偶然性の肯定
パチョーリ	Fra Luca Pbrtolomeo de Pacioli	1445〜1517	パチョーリの問題
タルタリア	Niccolò Fontana Tartaglia	1499/1500〜1557	「一般数量論」
カルダーノ	Gerolamo Cardano	1501〜1576	「偶然のゲームについて」
ペヴェローネ	Giovanni Francesco Peverone	1509〜1559	算術と幾何学に関する二つの書簡と小論」
フォレスターニ	Lorenzo Forestani	?〜1623	「算術と幾何学の実践」
ド・メレ	Chevalier de Méré	1607〜1684	パスカルへの質問
フェルマー	Pierre de Fermat	1607/1608〜1665	確率の最初の数学的議論
スホーテン	Fransvan Schooten	1615〜1661	期待値
パスカル	Blaise Pascal	1623〜1662	確率の最初の数学的議論
ホイヘンス	Christiaan Huygens	1629〜1695	期待値
ド・モアブル	Abraham de Moivre	1667〜1754	客観確率の理論的発展の嚆矢
ベルヌーイ	Daniel Bernoulli	1700〜1782	客観確率と主観確率の明示
ベイズ	Thomas Bayes	1702〜1761	ベイズの定理
ラプラス	Pierre-Simon Laplace	1749〜1827	数学的確率，ベイズの定理
リーマン	Georg Friedrich Bernhard Riemann	1826〜1866	リーマン積分
ボレル	Felix Edouard Justin Émile Borel	1871〜1956	大数の強法則

A.3 確率論に関わる人々の年表 II

表 A.3 確率論に関わる人々の年表 II

ルベーグ	Henri Leon Lebesgue	1875～1941	測度，ルベーグ積分
ケインズ	John Maynard Keynes	1883～1946	理由不十分の原理，論理的解釈
フォン・ミーゼス	Richard von Mises	1883～1953	頻度確率
ナイト	Frank Hyneman Knight	1885～1972	リスクと不確実性
レヴィ	Paul Pierre Lévy	1886～1971	頻度確率の否定
フィッシャー	Ronald Aylmer Fisher	1890～1962	統計学，頻度確率
カルナップ	Rudolf Carnap	1891～1970	論理的解釈
ジェフリーズ	Harold Jeffreys	1891～1989	論理的解釈
ヒンチン	Aleksandr Yakovlevich Khinchin	1894～1959	大数の法則の収束速度
ネウマン	Jerzy Neyman	1894～1981	統計学，頻度確率
ハイゼンベルク	Werner Karl Heisenberg	1901～1976	物理学，主観確率
ウォールド	Abraham Wald	1902～1950	頻度確率
ポパー	Karl Raimund Popper	1902～1994	傾向性解釈
ラムゼイ	Frank Plumpton Ramsey	1903～1930	主観確率
チャーチ	Alonzo Church	1903～1995	頻度確率
コルモゴロフ	Andrey Nikolaevich Kolmogorov	1903～1987	公理主義的確率
デ・フィネッティ	Bruno de Finetti	1906～1985	主観確率
ヴィレ	Jean Ville	1910～1989	コレクティヴの反例
サヴェッジ	Leonard Savage	1917～1971	主観確率
アンスコム	Francis John Anscombe	1918～2001	主観確率
オーマン	Robert John Aumann	1930～	主観確率
エルスバーグ	Daniel Ellsberg	1931～	エルスバーグのパラドックス

引用・参考文献

1) 小林道夫：科学哲学，産業図書 (1996)
2) Michio Sugeno : On Structure of Uncertainty – Categories and Modalities of Uncertainty, Proceedings of the 5th International Workshop on Soft Computing Applications, pp.5〜6 (Szeged, Hungary, 2012)
3) 中島信之：あいまいさの系譜，ファジィ・ソフトサイエンス叢書，三恵社 (2006)
4) Clarence Irving Lewis : A New Algebra of Implications and Some Consequences, The Journal of Philosophy, Psychology and Scientific Methods, Vol.10, pp.428〜438 (1913)
5) Charles W. Morris（著），内田種臣，小林昭世（訳）：記号理論の基礎，勁草書房 (1988)
6) Rudolf Carnap（著），永井成男，内田種臣，桑野耕三（訳）：意味と必然性，紀伊国屋書店 (1974/1999)
7) Rudolf Carnap（著），遠藤 弘（訳）：意味論序説，紀伊国屋書店 (1975/2003)
8) Lotfi Asker Zadeh : Fuzzy Sets, Information and Control, Vol.8, pp.338〜353 (1965)
9) Donald Gillies : Philosophical Theories of Probability, Routledge (2000)
10) Ian Hacking（著），広田すみれ，森元良太（訳）：確率の出現，慶應義塾大学出版会 (2013)
11) 安藤洋美：確率論の黎明，現代数学社 (2007)
12) Keith Devlin（著），原 啓介（訳）：世界を変えた手紙，岩波書店 (2010)
13) Pierre-Simon Laplace（著），伊藤 清（訳）：ラプラス確率論──確率の解析的理論──，共立出版 (1986)
14) John Maynard Keynes（著），佐藤隆三（訳）：確率論，ケインズ全集，Vol.8，東洋経済新報社 (2010)
15) Die Widerspruchsfreiheit des Kollektivebegriffes, Actualités Scientifiques et Industrielles, No.735, Colloque Consacré à la Théorie des Probabilités, Hermann et Cie., pp.79〜99 (1938)
16) Richard von Mises : Probability, Statistics, and Truth, Dover Pubns (1928/1981)

17) Andrey Nikolaevich Kolmogorov（著），根本伸司（訳）：確率論の基礎概念，東京図書 (1971)
18) Jean Ville：Étude critique de la notion de collectif, Gauthier-Villars (1939)
19) Sharon Bertsch McGrayne（著），富永　星（訳）：異端の統計学ベイズ，草思社 (2013)
20) Francis John Anscombe, Robert John Aumann：A Definition of Subjective Probability, The Annals of Mathematical Statistics, Vol.34, No.1, pp.199〜205 (1963)
21) Itzhak Gilboa, David Schmeidler：Maxmin Expected Utility with Nonunique Prior, Journal of Mathematical Economics, Vol.18, pp.141〜153 (1989)
22) Frank Hyneman Knight：Risk, Uncertainty, and Profit, Houghton Mifflin Company (1921)

鹿島　亮：http://www.is.titech.ac.jp/~kashima/[†]
金久保正明：http://www.sist.ac.jp/~kanakubo/
久木田水生：http://www.geocities.jp/minao_kukita/
清水義夫：記号論理学講義，東京大学出版会 (2013)
菅沼義昇：http://www.sist.ac.jp/~suganuma/
野矢茂樹：論理学，東京大学出版会 (1994)
萩野達也：http://www.tom.sfc.keio.ac.jp/~hagino/
蓮尾一郎：http://www.kurims.kyoto-u.ac.jp/~cs/
戸次大介：数理論理学，東京大学出版会 (2012)
本多中二，大里有生：ファジィ工学入門，海文堂出版 (1989)
前原昭二：復刊 数理論理学序説，共立出版 (1966/2010)
松本和夫：復刊 数理論理学，共立出版 (1970/2012)
水本雅晴：ファジィ理論とその応用，サイエンス社 (1988)
吉満明宏：C.I. ルイスと様相論理の起源，科学哲学，Vol.37, No.1, pp.1〜14 (2004)
安藤洋美：古典確率論の歴史の諸問題，数理解析研究所講究録，Vol.1019, pp.40〜60 (1997)
安藤洋美：カルダノの確率研究について，数理解析研究所講究録，Vol.1064, pp.25〜40 (1998)
伊藤邦武：ケインズとラムジー：確率と合理性をめぐって，京都大學文學部研究

[†] URL は 2015 年 1 月現在

紀要，Vol.35，pp.27～108 (1996)

伊藤清三：ルベーグ積分入門，裳華房 (1963)

折原明夫：測度と積分，裳華房 (1997)

小島寛之：確率的発想法，日本放送出版協会 (2004)

小島寛之：数学的推論が世界を変える，NHK 出版新書，NHK 出版 (2012)

Aleksandr Yakovlevich Khinchin（著），是永純弘（訳）：R. ミーゼスの確率論と現代の確率観，北海道大学經濟學研究，Vol.38，No.4，pp.144～167 (1989)

薩摩順吉：確率・統計，岩波書店 (1989)

柴田文明：確率・統計，岩波書店 (1996)

榛葉　豊：http://www.sist.ac.jp/~shinba/

杉浦　誠：http://www.math.u-ryukyu.ac.jp/~sugiura/

高尾克也：無差別の原理と Bertrand のパラドックス，京都大学科学哲学科学史研究，Vol.6，pp.61～81 (2012)

高橋幸雄：ゲームの勝敗を確率する，オペレーションズ・リサーチ，Vol.41，No.2，pp.153～157 (1996)

原　隆：http://www2.math.kyushu-u.ac.jp/~hara/

松原　望，縄田和満，中井検裕：統計学入門，東京大学出版会 (1991)

宮部賢志：アルゴリズム的ランダムネスへの解析学的アプローチ，京都大学数理解析研究所講究録，第 1832 巻，pp.114～126 (2013)

吉田　忠，C. ホイヘンス：『運まかせゲームの計算』について，統計学，No.88，pp.1～14 (2005)

Peter Bernstein（著），青山　護（訳）：リスク（上・下），日経ビジネス人文庫，日本経済新聞社 (2001)

Gerd Gigerenzer（著），吉田利子（訳）：リスク・リテラシーが身につく統計的思考法，ハヤカワ・ノンフィクション文庫，早川書房 (2010)

索　　引

【あ】

アウグスティヌス　　98
アーラン分布　　170
アリストテレス　2～4, 44～49, 92, 97, 98
アンスコム　　187

【い】

イェンゼンの不等式　　156
位相空間　　36
一様乱数　　168
一階述語論理　　23

【う】

ヴィレ　　136
ウカシェヴィッツ　3, 47, 83

【え】

n 次元実数空間　　38
n 次元ボレル集合体　　130
エルスバーグ　192, 194, 195
　——のパラドックス　　192
演繹推論　　16

【お】

オーマン　　187

【か】

外延性原理　　52
外延性公理　　34
解　釈　　14
概収束　　174
ガウス分布　　171
下極限　　39
拡張原理　　78
確　率　　132
　——の加法定理　　134
　——の傾向性解釈　　122
　——の主観的解釈　　183
　——の乗法定理　　140
　——の論理的解釈　　188
確率関数　　154
確率空間　　132
確率質量関数　　154
確率収束　　173
確率測度　　132
確率分布　　152
確率分布関数　　153
確率変数　　149, 150
確率密度関数　　155
可算加法族　　129
可算集合　　42
可算無限集合　　42
可測空間　　130
可測集合　　130
可能性演算子　　54
可能世界　　56, 59
加法族　　126
カルダーノ　4, 99, 100, 103, 105, 114
カルナップ　　46, 188
含意（言語的真理値）　　85
含意（数値的真理値）　　84
含意（命題論理）　　12
関数記号　　24
完全加法性（確率）　　132
完全加法性（測度）　　131
完全加法族　　129
完全性（融合）　　22
カント　　45, 48
ガンマ分布　　169

【き】

記号論理　　9
規　則　　85
帰納的確率　　188
義務論理　　64
逆確率　　184

【く】

客観確率　92, 93, 97, 120, 123, 183, 187
吸収律（通常の集合）　　41
吸収律（ファジィ集合）　　72
吸収律（命題論理）　　15
共通集合（通常の集合）　　37
共通集合（ファジィ集合）　　69
共分散　　159
極　限　　39
議論領域　　23

【く】

空事象　　113
空集合　　32, 34
　——の公理　　34
空　節　　20
区　間　　127
区間塊　　128
クリスプ集合　　67
クリプキ　　46, 59
クリプキ意味論　　59
クリプキフレーム　　59
クリプキモデル　　60

【け】

傾向性　　123
形式論理学　　45
ケインズ　48, 116, 117, 188, 189
激烈積　　70
激烈和　　70
結合（通常の集合）　　37
結合（ファジィ集合）　　69
結合律（通常の集合）　　40
結合律（ファジィ集合）　　72
結合律（命題論理）　　15
結　論　　85
ゲーデル　　82
元　　31
限界効用　　108

索引

限界効用逓減の法則 107
限界積 70
限界和 70
言語的真理値 83, 84
原子式 10
原子論理式 10
健　全 17
健全性（融合） 21
厳密含意 53, 57

【こ】

項 10, 24
交換律（通常の集合） 40
交換律（ファジィ集合） 71
交換律（命題論理） 15
恒偽式（命題論理） 14
後件部 82
恒真（様相論理） 56
恒真式（命題論理） 14
効　用 108
公理主義的確率 125
誤差関数 171
コーシー分布 172
個人的主観主義 187
古典論理 10
コルモゴロフ 4, 93, 96, 107, 123〜125, 135, 176
コレクティブ 120
根元事象 111

【さ】

サヴェッジ 187
差事象 113
差集合 37
ザデー 3, 47, 66
算術的確率 114
三段論法（命題論理） 20
三段論法（様相論理） 58
三値論理 47

【し】

ジェフリーズ 188
試　行 111
事後確率 143, 144
指示関数 126
事　実 85
事　象 111, 133
指数分布 168
自然演繹 19

事前確率 143, 144
時相論理 63
実質含意 12
——のパラドックス 13, 46
実数値確率変数 150
集　合 31
集合体 127
収　束 39
充足可能 14
充足不能 14
自由変項 27
主観確率 92〜94, 97, 106, 142, 183, 187, 188, 196
述語記号 24
述語論理 23, 28
上極限 38
状　態 59
証　明 16
証明可能性論理 64
ジョルダン測度 126, 128
信念に基づく確信 189
信念論理 64
信憑性 189
真理値表 11

【す】

推移的 61
推移律（通常の集合） 41
推移律（ファジィ集合） 72
推移律（命題論理） 16
推　論 16
数学的確率 114
数値的真理値 83
スホーテン 106

【せ】

正規分布 171
正則性公理 35
正の内省 64
聖ペテルブルクのパラドックス 107
積事象 113
積集合（通常の集合） 37
積集合（ファジィ集合） 69
積　率 162
節 20
節形式 20
節集合 20
線形性（期待値） 156

選言（言語的真理値） 85
選言（数値的真理値） 84
選言（命題論理） 12
前件部 82
全事象 111
全称記号 25
全称命題 25
全体集合 31
選択関数 36
選択公理 33, 35

【そ】

相補律（通常の集合） 40
相補律（ファジィ集合） 72
相補律（命題論理） 15
族 31
測　度 126, 131
測度空間 131
束縛変項 27
ソクラテス 7
存在記号 25
存在命題 25

【た】

対偶（命題論理） 16, 20
対偶（様相論理） 58
対　象 31
対称的 61
大　数
——の強法則 107, 176, 177
——の弱法則 107, 176
代数積 70
代数和 70
互いに素 37
多値論理 47
妥当（推論） 17
妥当（命題論理） 14
タルタリア 102, 103
単　調 41
単調性（確率） 133
単調性（期待値） 156
単調性（測度） 131
単調性（有限加法的測度） 128

【ち】

チェビシェフの不等式 160
置換公理 35
逐次合理性 187

索引　205

知識論理	64	二項分布	164	ファジィ真理値	83
チャンスの価値	106	二重否定（通常の集合）	40	ファジィ推論	85
中心極限定理	180	二重否定（ファジィ集合）	72	ファジィ命題変数	80
超幾何分布	166	二重否定（命題論理）	15	ファジィ理論	66
重複対数の法則	122, 136	二値原理	52	ファジィ論理	47
直積（通常の集合）	38			フィッシャー	121
直積（ファジィ集合）	71	【ね】		ブール	46
直和	37	ネウマン	121	フェルマー	4, 93, 98〜101,
直感主義論理	46			104, 106, 107, 114, 141	
		【は】		フォレスターニ	103
【つ】		ハイゼンベルク	188, 196	フォン・ミーゼス	93,
対の公理	34	排中律	15	119〜122, 135	
ツェルメロ	33	排中律（通常の集合）	40	不確実性回避	195
		排中律（ファジィ集合）	72	複合事象	111
【て】		ハイティング	46	複合命題	10
定項	24	排反事象	113	付値関数	56
デカルトべき	38	パスカル	4, 93, 98〜101,	負の内省	64
点	31	104〜107, 114, 141		部分集合	31
デ・フィネッティ 4, 93, 187,		パチョーリ	98〜100, 102,	ブラウワー	46, 47
188		103, 105		プラトン	44
		反射的	60	フレーゲ	46
【と】		反射律（通常の集合）	41	フレンケル	33
導出	21	反射律（ファジィ集合）	72	分散	157, 158
導出可能	21	反射律（様相論理）	58	分出公理	35
導出可能性	21			分配律（集合列）	42
到達可能関係	59	【ひ】		分配律（通常の集合）	40
同値	13	非可算集合	42	分配律（ファジィ集合）	72
同値関係	61	非加法性	192	分配律（命題論理）	15
特性関数	67	非加法性確率	193	分布収束	174
独立（確率変数）	152	非加法性確率空間	193		
独立（事象）	140	非加法性確率測度	193	【へ】	
トートロジー（命題論理）	14	非減少	41	ベイズ	4, 92, 142, 184
トマス・アクィナス	48, 99	非古典論理	11, 44	――の定理	142
ド・メレ	98〜100	非増加	41	ベイズ推定	146, 184
ド・モアブル	97	必然性演算子	54	ベイズ・ラプラスの定理 142	
ド・モルガン	46	否定（言語的真理値）	84	ペヴェローネ	103
――の法則（集合列）	42	否定（数値的真理値）	83	べき集合	34
――の法則（通常の集合）40		否定（命題論理）	11	――の公理	34
――の法則（ファジィ集合）		標準化	161	べき等律（通常の集合）	40
72		標準偏差	159	べき等律（ファジィ集合）	71
――の法則（命題論理）	15	標本空間	111, 133	べき等律（命題論理）	15
		標本点	111, 133	ベルヌーイ	92, 107〜109,
【な】		ヒルベルト	20	176, 177, 183, 189〜191	
ナイト	195	ヒンチン	136	ベルヌーイ試行	109
――の不確実性	195	頻度確率	119	ベルヌーイ分布	164
内包論理	63			変項	24
		【ふ】			
【に】		ファジィ関係	73	【ほ】	
二項係数	105	ファジィ集合	66, 67	ポアソンの少数の法則	165

ポアソン分布	165	
ホイヘンス	106, 156	
包含関係	34	
補集合（通常の集合）	37	
補集合（ファジィ集合）	70	
ポパー	93, 119, 122, 123	
ボレル	107, 122, 176, 189	
ボレル集合	130	
ボレル集合体	130	

【ま】

交わり（通常の集合）	37
交わり（ファジィ集合）	69
マッキンゼー	46
マックスミン原理	194
マムダニ	83
マルコフの不等式	160
マルチプル期待値	194
マルチプルプレーヤ	194

【み】

ミーゼス	4
密度関数	155

【む】

無限公理	35
無限集合	42
無差別の原理	116
矛盾律（通常の集合）	40
矛盾律（ファジィ集合）	72
矛盾律（命題論理）	15

【め】

命題	10
命題変数	10
命題論理	14
メンバーシップ関数	67
メンバーシップのグレード	67

【も】

モーダスポネンス	19, 21, 86
モーメント	162
モーメント母関数	163
モリス	49
モンティ・ホール問題	146

【ゆ】

有界加法的測度	126, 128
ユークリッド的	61
有限加法性	129
有限加法族	127
有限集合	42
有限劣加法性	129
融合	21
融合原理	20
融合節	21
尤度	67

【よ】

要素	31
様相	51
様相記号	54
様相論理	51, 53
——の構造	56
要素命題	10
余事象	113

【ら】

ライプニッツ	189
ラッセル	33
ラプラス	4, 54, 93, 95, 107, 114, 116, 117, 119, 142, 184
——の悪魔	54
ラムゼイ	4, 93, 187, 188

【り】

離散一様分布	164
離散確率分布	154
離散確率変数	154
リスク	195
リテラル	10
リーマン積分	126
理由不十分の原理	116
量化	23
量化記号	11, 25

【る】

ルイス	3, 46, 53
累積確率分布関数	153
ルベーグ積分	126

【れ】

レヴィ	122
劣加法性	192
劣加法性（確率）	133
レッシャー	82
連言（言語的真理値）	85
連言（数値的真理値）	84
連言（命題論理）	11
連鎖的	60
連続一様分布	167
連続確率分布	154
連続確率変数	154

【ろ】

ロビンソン	20
論理式	10
論理式（述語論理）	28
論理式（命題論理）	13
論理積	68
論理的解釈	188
論理的帰結（命題論理）	18
論理的帰結（様相論理）	57
論理和	68

【わ】

和事象	113
和集合（通常の集合）	37
和集合（ファジィ集合）	69
和の公理	34

【A】

accessibility relation	59
addition theorem of probability	134
additive family	126
algebra	127
algebraic product	70
algebraic sum	70
antecedent part	82
atomic formula	10
axiomatic probability	125
axiom of choice	33, 35
axiom of empty set	34
axiom of extensionality	34

axiom of infinity 35	continuous probability distribution 154	**[E]**
axiom of power set 34	continuous random variable 154	element 31
axiom of regularity 35		elementary event 111
axiom of replacement 35	continuous uniform distribution 167	elementary proposition 10
axiom of separation 35	contraposition 20	Ellsberg's Paradox 192
[B]	convergence 39	empty clause 20
Bayes estimation 146, 184	converges almost surely 174	empty event 113
Bayes-Laplace theorem 142	converges in distribution 174	empty set 32, 34
Bayes' theorem 142	converges in probability 173	equivalence 13
Bernoulli distribution 164	coprime 37	equivalence relation 61
Bernoulli trials 109	countable set 42	Erlang distribution 170
binomial distribution 164	countably additive family 129	error function 171
Borel algebra 130		Euclidean 61
Borel set 130	countably infinite set 42	event 111, 133
bounded product 70	covariance 159	exclusive event 113
bounded sum 70	credibility 189	existencial proposition 25
bound variable 27	crisp set 67	existential quantifier 25
[C]	cumulative probability distribution function 153	expected value 155
		exponential distribution 168
Cauchy distribution 172		extention principle 78
central limit theorem 180	**[D]**	**[F]**
characteristic function 67	deducible 21	fact 85
Chebyshev's inequality 160	deductive inference 16	family 31
choice function 36	density function 155	finitely additive family 127
class 31	deontic logic 64	finitely additive measure 126, 128
classical logic 10	difference event 113	
clausal form 20	difference set 37	finite additivity 129
clause 20	direct product 38, 71	finite nonadditivity 129
collective 120	direct sum 37	finite set 42
complement 37, 70	direct union 37	first-order predicate logic 23
complementary event 113	discrete probability distribution 154	free variable 27
completely additive family 129		frequency probability 119
completeness 22	discrete random variable 154	function symbol 24
complete additivity 131, 132		fuzzy inference 85
compound event 111	discrete uniform distribution 164	fuzzy logic 47
compound proposition 10		fuzzy propositional variable 80
conjunction 11, 84, 85	disjunction 12, 84, 85	
consequent part 82	domain of discourse 23	fuzzy relation 73
consistency 121	drastic product 70	fuzzy set 66, 67
constant 24	drastic sum 70	fuzzy theory 66
		fuzzy truth value 83

[G]

gamma distribution 169
Gaussian distribution 171

[H]

hypergeometric distribution 166

[I]

implicaitonal paradoxes 13
implication 12, 84, 85
inclusion 34
independent 140, 152
indicator function 126
inductive probability 188
infinite set 42
inrefence 16
intensional logic 63
interpretation 14
intersection 37, 69
interval 128
intuitionistic logic 46

[J]

Jensen's inequality 156
join 37, 69
Jordan measure 126, 128

[K]

Knightian uncertainty 195
kollektiv 120
Kripke frame 59
Kripke model 60
Kripke semantics 59

[L]

law of diminishing
 marginal utility 107
law of the iterated
 logarithm 122
Lebesgue integral 126
likelihood 67

limit 39
limit inferior 39
limit superior 38
linearity of expected value 156
linguistic truth value 83
literal 10
logical consequence 18, 57
logical interpretant of
 probability 188
logical product 68
logical sum 68
logic of belief 64
logic of knowledge 64

[M]

marginal utility 108
Markov's inequality 160
mass of interval 128
material implication 12
mathematical probability 114
measurable set 130
measurable space 130
measure 126, 131
measure space 131
membership function 67
membership grade 67
modality 51
modal logic 51, 53
modal operator 54
modus ponens 19, 21, 86
moment 162
moment-generating
 function 163
monotone 41
monotonicity 128, 131, 133
monotonicity of expected
 value 156
Monty Hall problem 146
moral certainty 189
multiple expected value 194
multiple player 194

multiplication theorem of
 probability 140
multi-valued logic 47

[N]

natural deduction 19
n-dimensional Borel
 algebra 130
n-dimensional real space 38
necessity operator 54
negation 11, 83, 84
negative introspection 64
nonadditive probability 193
nonadditive probability
 measure 193
nonadditive probability
 space 193
nonadditivity 192
non-classical logic 11, 44
non-decreasing 41
non-increasing 41
non-tautology 14
normal distribution 171
numerical truth value 83

[O]

object 31
objective probability 92

[P]

pairing axiom 34
personalism 187
point 31
Poisson distribution 165
Poisson's law of small
 numbers 165
positive introspection 64
possibility operator 54
possible world 56, 59
posterior probability 143, 144
power 38
power set 34

predicate logic	23, 28	resolvent	21	term	10, 24
predicate symbol	24	result	85	three-valued logic	47
principle of bivalence	52	Riemann integral	126	topological space	36
principle of extension	52	risk	195	transitive	61
principle of indifference	116	rule	85	trial	111
principle of insufficient reason	116			truth table	11

[S]

[U]

prior probability	143, 144	sample point	111, 133		
probability	132	sample space	111, 133	uncountable set	42
probability density function	155	satisfiable	15	uniform random number	168
		sequential rationality	187		
probability distribution	152	serial	60	union	37, 69
probability distribution function	153	set	31	universal proposition	25
		set of clauses	20	universal quantifier	25
probability function	154	sound	17	universal set	31
probability mass function	154	soundness	21	unsatisfiable	14
		standardization	161	utility	108
probability measure	132	standard deviation	159		
probability space	132	state	59		

[V]

product event	113	St. Petersburg paradox	107	valid	14, 17
proof	16	strict implication	53, 57	valuation function	56
propencity	123	strong law of large numbers	107, 176, 177	variable	24
propensity interpretation of probability	122	structure of modal logic	56	variance	157, 158
proposition	10	subadditivity	192		

[W]

propositional logic	14	subjective interpretation of probability	183	waarde van kans	106
propositional variable	10			weak law of large numbers	107, 176
provability logic	64	subjective probability	92, 183	well-formed formula	10, 13, 28

[Q]

		subset	31		
quantification	23	sum	37, 69	wff	10, 13, 28
quantifier	11, 25	sum axiom	34	whole event	111

[R]

		sum event	113		
		syllogism	20	σ-加法族	129
random variable	149, 150	symbolic logic	9	σ-集合体	129
real-valued random variable	150	symmetric	61	σ-additive family	129
				σ-field	129
reflexive	60			χ^2 分布	170
resolution	21			χ^2 distribution	170
resolution principle	20	tautology	14		
		temporal logic	63		

[T]

―― 著者略歴 ――

1990 年　早稲田大学理工学部電子通信学科卒業
1994 年　早稲田大学助手
1995 年　早稲田大学大学院理工学研究科博士
　　　　　後期課程修了（電気工学専攻）
　　　　　博士（工学）
1997 年　東海大学講師
2001 年　筑波大学講師
2004 年　筑波大学助教授〜准教授
2013 年　筑波大学教授
　　　　　現在に至る

あいまいさの数理
Mathematical Principles of Fuzziness and Probability

© Yasunori Endo 2015

2015 年 4 月 30 日　初版第 1 刷発行

検印省略	著　者	遠　藤　靖　典
	発行者	株式会社　コロナ社
		代表者　牛来真也
	印刷所	三美印刷株式会社

112–0011　東京都文京区千石 4–46–10
発行所　株式会社　コロナ社
CORONA PUBLISHING CO., LTD.
Tokyo Japan
振替 00140-8-14844・電話(03)3941-3131(代)
ホームページ http://www.coronasha.co.jp

ISBN 978–4–339–07925–8　　（横尾）　（製本：SBC）
Printed in Japan

本書のコピー，スキャン，デジタル化等の無断複製・転載は著作権法上での例外を除き禁じられております。購入者以外の第三者による本書の電子データ化及び電子書籍化は，いかなる場合も認めておりません。

落丁・乱丁本はお取替えいたします